MBD Lab Series

Modelicaによる
モデルベースシステム開発入門

ModelicaとFMIの活用による実践的モデルベース開発

平野 豊 著

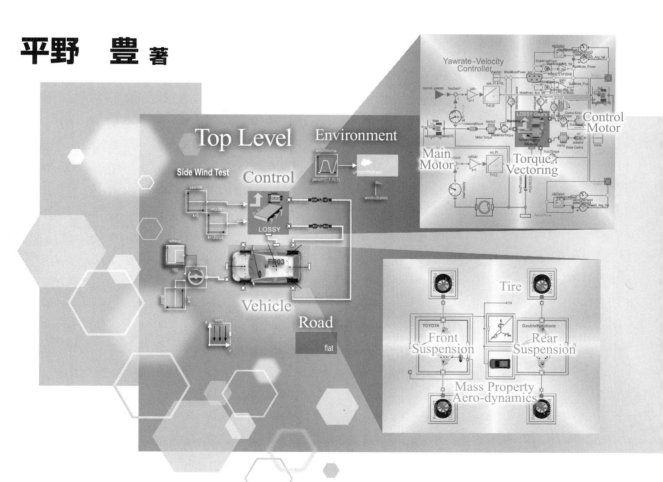

はじめに

　本書は、主に製造業の企業にてシステム、コンポーネント開発に従事するエンジニア、および、工学系学生のみなさんを対象に、1D-CAE を活用したシミュレーションモデルに基づく性能予測、設計パラメータ検討、背反を含めた設計の妥当性検証などのモデルベースシステム開発（Model Based System Development：MBSD）について解説することを目的としています。ここで、1D-CAE とは、物理的に集中定数系として開発対象をモデル化する CAE（Computer Aided Engineering）ツールの総称であり、対象の 3 次元形状の情報を元に FEM（有限要素法）などの解析を行う 3D-CAE ツールと区別するために用いています。1D-CAE と 3D-CAE の連携の最新動向については、本書の後半で紹介します。本書では、1D-CAE ツールを使う際に、気をつけるべき留意点について理解できるよう、理論的な背景をできるだけ簡単に説明し、技術開発の実務の助けとなるように試みています。

　また、本書では、モデルベースシステム開発のツールとして、非因果的モデリング（モデルの入力と出力を予め定義せずにモデルを記述する方法：詳細は本文中で解説）による多種物理領域のモデリングを可能とする Modelica™ 言語に着目し、Modelica を使用することで、いかに開発が効率化されるかを、その簡単な理論的背景も含めて説明します。また、異なるツールで作成された物理モデルをシームレスに結合するために、Modelica 言語仕様を策定した Modelica Association により提案された FMI（Functional Mockup Interface）と呼ばれる標準インターフェイスについても解説し、FMI を活用した異種モデル接続のやり方や、その時の注意点などについても紹介します。Modelica および FMI は、欧州を中心に発展し、近年は世界的に適用が展開されつつあります。ただ、日本国内ではまだあまり普及しておらず、日本語での解説本は少しあるものの、それらは Modelica の言語仕様やオブジェクト指向の概念についての解説が主でした。そこで、本書では、言語仕様などの解説のみならず、いかに Modelica および FMI をモデルベースシステム開発の実務に使うか、という点に重点を置きました。また、その際に知っておかねばならないコンピュータシミュレーションでの数値計算法や、Modeloca 処理系での内部処理について、頁数を割きました。

　なお、本書ではモデルベースシステム開発という言葉を、従来の制御系設計における制御ソフトのモデルベース開発（Model Based Development：MBD）と区別するため使っています。本書では、便宜上、制御ソフトのモデルベース開発のことを、Model Based Software Development と称することとします。なお、制御ソフトのモデルベース開発において、制御対象のモデリングであるプラント・モデリング（Plant Modeling）という概念もありますが、こちらは、あくまで制御系設計のために必要十分な精度まで簡略化された制御対象のモデリングであり、本書で議論するシステムやサブシステムの詳細度の高い

物理モデリングとは異なります。また、モデルベースシステム工学（Model Based System Engineering：MBSE）という概念もありますが、こちらは、製品やシステムの要求定義、機能定義とその検証も包含したものであり、本書で扱うモデルベースシステム開発は、その下流工程として、システム全体の背反も含めた性能予測、最適設計パラメータ検討、フェイルセーフ検討などの機能設計と検証にフォーカスしたものであるとも言えます。図 0-1 にこれらの概念の関係を説明します。

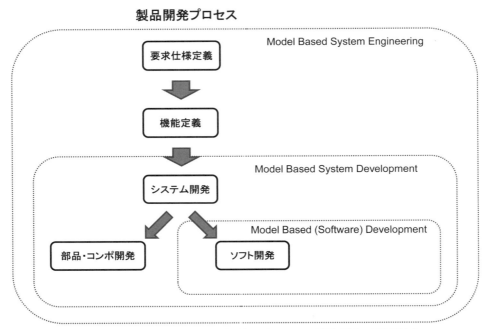

図 0-1　製品開発プロセスと各種モデルベース開発手法の適用範囲

　本書の構成は、以下の通りです。まず、第 1 章で、モデルベースシステム開発の目的と、そのために必要なツールの要件について明らかにします。そして、そのためには、Modelica による物理モデリングと FMI によるモデル連携が有効であることを説明します。第 2 章では、Modelica によるモデルベース開発の概要、第 3 章では、Modelica の言語仕様、第 4 章では、モデルライブラリの概要について紹介します。また、機械系や電気系など各種物理領域での簡単なモデルの作成法を示して、使い方の理解を助けます。第 5 章では、Modelica や FMI を用いたモデリング、モデル連携を行う際に留意すべき点を理解するために必要な、モデルのシミュレーション計算手法の理論について、概説します。第 6 章では、FMI の概要の説明と、実際のモデル接続に使う際の留意点について述べます。第 7 章では、モデルベースシステム開発の実例として、著者らが行った将来電動モビリティ開発への適用事例を紹介します。最後に、第 8 章では、1D-CAE と 3D-CAE の連携、最適化手法との組合わせによる開発の効率化、システムフェール時の挙動解析など、モデルベースシステム開発の将来の発展の方向性について、解説

します。

　なお、ModelicaやFMIは、実用に十分なレベルまで完成してはいるものの、まだModelica Associationの手により発展中であり、仕様の追加・変更が適時行われています。本書では、できる限り最新のModelica、FMIの動向を捉え、将来の方向性が理解しやすくなるように努めています。Modelica、FMIの詳細仕様については、関連書籍やURLを参考文献として紹介しています。

　最後に、本書の例題にあげたモデルの作成やシミュレーションの実行には、ダッソー・システムズ株式会社様のご厚意により、Dymola2017の評価版を使用させて頂きました。ここに、感謝の意を表します。

　本書が、少しでもシステム開発に従事するエンジニアや学生諸氏の助けとなれば、幸いです。

目　次

はじめに iii

1. モデルベースシステム開発の概要 **1**
　1.1　製品開発における V プロセスとモデル 1
　1.2　1D-CAE によるモデルベースシステム開発の目的 2
　1.3　モデルベースシステム開発のためのモデリング環境 3
　　1.3.1.　モデリング環境の必要要件 3
　　1.3.2.　VHDL-AMS 5
　　1.3.3.　Modelica 5
　　1.3.4.　その他（SimScape） 6
　1.4　因果的モデリングと非因果的モデリング 6
　1.5　非因果的モデルの記述法 10

2. Modelica の特徴と非因果的モデリングへの応用法 **13**
　2.1　Modelica による物理モデリングの特徴 13
　2.2　Modelica 言語の参考文献 14
　2.3　Modelica による非因果的モデル定義法の概要 14
　2.4　Modelica による常微分方程式の解法 21

3. Modelica の文法の概要 **23**
　3.1　変数の型、属性、可変性 23
　　3.1.1.　変数の型宣言 23
　　3.1.2.　変数の属性 23
　3.2　モデル再利用のためのクラス（class） 25
　3.3　コネクタ（connector）とコネクション（connection） 29
　3.4　部分モデル（partial model）と継承（inheritance） 32
　3.5　クラスのパラメトリゼーション（parametrization） 33
　3.6　行列（Matrices）と配列（Arrays） 38

- 3.7 ブロック（block）.. 40
- 3.8 繰り返し、アルゴリズム、関数 42
  - 3.8.1. for 文 42
  - 3.8.2. アルゴリズム（algorithm）セクション 43
  - 3.8.3. 関数（function）... 44
  - 3.8.4. 外部関数（external function）.. 45
- 3.9 連続系と離散系のハイブリッドモデル... 47
  - 3.9.1. if-then-else 構文 47
  - 3.9.2. 状態切り替えを含むモデル 48
  - 3.9.3. 離散イベントと離散時間システムモデル 49
  - 3.9.4. noEvent オペレータ 53
  - 3.9.5. イベントの同期と伝搬 54
  - 3.9.6. 理想ダイオードの記述法 54
  - 3.9.7. 計算因果関係の変更を伴う状態の切り替え 55
  - 3.9.8. 時間同期型離散モデルの記述法 57
- 3.10 物理場（Physical Fields）の記述法（inner, outer）................... 58
- 3.11 ライブラリの構築... 61
  - 3.11.1. package 宣言 61
  - 3.11.2. ライブラリ中でのクラス名の探索 62
  - 3.11.3. encapsulated 宣言子と import 宣言子 63
  - 3.11.4. ライブラリのファイルシステムの命名法 65
- 3.12 グラフィックスとドキュメント化のための補助記述（annotations）.......... 67
- 3.13 Modelica の活用による逆モデルの自動設計 68

4. Modelica 標準ライブラリの紹介 73
- 4.1 Modelica 標準ライブラリの構成 73
- 4.2 制御ブロックライブラリ.. 74
- 4.3 状態遷移機械ライブラリ.. 83
- 4.4 電気系ライブラリ.. 84
  - 4.4.1. アナログ回路ライブラリ 85
  - 4.4.2. デジタル回路ライブラリ 91
  - 4.4.3. 電動機ライブラリ 94
  - 4.4.4. 多相電動機ライブラリ 96
  - 4.4.5. 電力変換器ライブラリ 96
- 4.5 機械系ライブラリ.. 97

  4.5.1. マルチボデー機械系ライブラリ 97
  4.5.2. 回転機械系ライブラリ 100
  4.5.3. 並進機械系ライブラリ 102
 4.6 熱流体ライブラリ 104
 4.7 熱系ライブラリ 106
 4.8 数学関数ライブラリ 110

5. Modelica 処理系におけるモデル計算理論の概要 113
 5.1 常微分方程式（ODE）と微分代数方程式（DAE）....................... 113
 5.2 微分方程式の数値解法 114
 5.3 代数ループとその解決法 115
 5.4 Modelica 処理系におけるモデル計算処理の概要 118
  5.4.1. トランスレータ（Translator）.. 118
  5.4.2. アナライザ（Analyzer）... 125
  5.4.3. オプティマイザ（Optimizer）.. 130
 5.5 Modelica 処理系での計算高速化技術 132
  5.5.1. 生成式の並列化 132
  5.5.2. インライン・インテグレーション 133

6. FMI の特徴とモデル接続への応用法 135
 6.1 FMI の概要 135
 6.2 FMI によるモデル接続の仕方 136
 6.3 FMI によるモデル接続時の留意点 139
 6.4 FMI を用いたサブモデルの非因果的モデリング環境での接続法 ... 141
  6.4.1. アダプタモデル 141
  6.4.2. アダプタモデルの極性 142
  6.4.3. ベンチマークモデルによる提案手法の検証 143

7. モデルベースシステム開発の適用事例 147
 7.1 将来電動車のモデルベース開発によるシステム構成の検討 147
  7.1.1. 車両諸元と特徴 147
  7.1.2. パワートレイン構成とそのモデル 148
  7.1.3. 電気系システムとそのモデル 150
  7.1.4. シャシーモデル 154
  7.1.5. 車両統合モデル 156

- 7.1.6. 車両統合モデルによるシミュレーション ... 156
- 7.1.7. 仮想走行試験シミュレーション ... 158
- 7.2 トルクベクタリングディファレンシャルのモデルマッチング制御 ... 160
  - 7.2.1. 車両運動モデル ... 160
  - 7.2.2. 車両運動モデルの簡略化 ... 162
  - 7.2.3. 前後駆動力制御則 ... 164
  - 7.2.4. 車両旋回運動方程式 ... 164
  - 7.2.5. 車両旋回運動の目標運動方程式 ... 165
  - 7.2.6. TVD のモデルマッチング制御 ... 166
  - 7.2.7. 二輪モデルによるシミュレーション結果 ... 168
  - 7.2.8. 車両統合モデルによるシミュレーション結果 ... 174
  - 7.2.9. 車両統合モデルによるモデルマッチング制御のシミュレーション結果 ... 174

8. モデルベース開発手法の今後の発展の方向性について ... 177
- 8.1 1D-CAE と 3D-CAE の連携 ... 177
- 8.2 最適化手法による設計効率化 ... 177
- 8.3 フェイル時のシステム挙動分析による信頼性設計への応用 ... 178

9. あとがき ... 179

引用文献 ... 181

1. モデルベースシステム開発の概要

1.1 製品開発におけるVプロセスとモデル

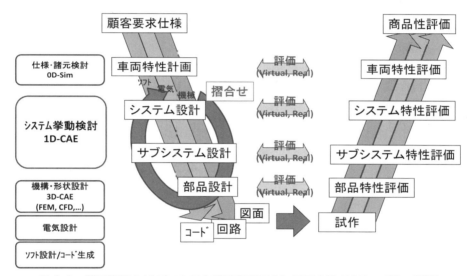

図1-1 製品開発のVプロセスと設計段階で主に使用するCAEモデルの種類

　近年、製品開発において、顧客要求の多様化や、守るべき基準・法規の増大、システムの複雑化が進展し、よりシステマチックな開発が求められるようになってきています。その際、図1-1に示すように、要求仕様から製品として満たすべき性能などの製品仕様、それを実現するためのシステムの仕様決定と開発、更にシステム仕様を満たす部品設計と開発のように、開発プロセスを階層化し、それぞれの開発フェーズにおいて、対応する評価を適宜実行し、評価プロセスも、部品評価→システム評価→製品評価と階層的に行うことにより、開発効率を高める手法の重要性が高まってきています。このような開発プロセスを、Vプロセスと呼びます。ここで、システム設計フェーズにおいて、システムやサブシステム、およびそのコンポーネントなどを物理モデルで記述し、モデルに基づくシミュレーションで設計・適合・機能検証などを行うことがモデルベースシステム開発（Model Based System Development：MBSD）です。ここで主に使用されるモデルとしては、物理現象を集中定数系のモデル（常微分方程式

で記述されるモデル）で表す、いわゆる 1D-CAE（Computer Aided Engineering）モデルが主に使われます。一方、その下流工程として、個々の部品の詳細形状を設計し、FEM（有限要素法）による強度解析、応力解析や、場合によっては電磁界解析や熱解析、音響解析などを行う目的で使用されるのが、3 次元 CAE ソフトで扱われるいわゆる 3D モデルです。本書で扱うモデルベースシステム開発に使用されるモデルは、1D モデルです。

なお、図 1-1 に示す V プロセスは、メカやハードウェア開発を想定した図になっていますが、これと並行して制御ソフトの開発に適用される V プロセスも存在します。モデルベースシステム開発では、メカやハードウェアの 1D モデルだけでなく、制御ソフトのモデルも同時に使用して設計・検討を行います。制御ソフトのモデルとしては、現在、SIMULINK® による、いわゆる「実行可能な仕様書」が使用されることが多くあります。制御ソフトのモデルベース開発を、狭い意味で、Model Based Development という言葉で表すこともありますが、本書では、この意味を表す言葉としては、Model Based Software Development（モデルベースソフト開発）として区別します。また、制御ソフト開発のための必要十分な精度にまで簡略化された制御対象のモデル作成は、Plant Modeling という言葉で区別します。効果的な制御系設計のために必要十分な精度の制御対象モデルをいかに作成するかは、それ自体、Plant Modeling の大きな問題ですが、本書では扱いません。以下では、モデルベース開発という言葉で、モデルベースシステム開発のことを表します。

1.2　1D-CAE によるモデルベースシステム開発の目的

モデルベースシステム開発の狙いとしては、以下のようなものがあります。

1. 設計した製品やコンポーネントが、所望の機能・性能を発揮するか、実物を試作する前に検証する。

近年、ますます開発の効率化が求められており、設計段階や、実際の製品やコンポーネントを試作する前に、その機能や性能を検証したいというニーズが高まっています。従来、飛行機や船舶など、実物を簡単に何度も試作できない製品では、モデルベースで性能予測する手法が早くから取られてきましたが、最近は、自動車など、以前は実際にモノを作って性能検証していた製品でも、試作費低減や開発期間短縮のニーズから、モデルベースでの性能予測への要求が高まっています。

2. 所望の機能・性能を最大化する設計パラメータの値を探索する。

性能予測が可能なレベルの高精度のモデルがあれば、ある性能指標に対する設計パラメータの感度などを調べることができます。また、最適化手法を組合わせると、ある性能指標を最大化する設計パラメータの自動探索も可能になります。

3. 製品や大規模システムレベルで、機能・性能の背反について検証する。また、製品として全ての要求項目を満たすコンポーネントの設計仕様を探索する。

　製品やシステムに対する要求は、性能だけでなく、省エネや機能安全、法規への対応など、ますます高度化、複雑化してきています。一つの要求項目だけを満たしても、他の要求項目と背反する場合も多くあります。このような背反を含んだ製品やシステムを開発する場合、背反するすべての性能を予測できるモデルが必要になります。また、そのようなモデルができれば、多目的最適化手法を適用して、すべての要求項目を満たす設計諸元を探索することもできます。

4. 部品の故障による製品やシステムへの影響を調査する。

　いわゆる FMEA（Failure Mode Effect Analysis）で、想定されるすべての故障モードを洗い出し、そのシステムや製品全体への影響を考えることは、製品の信頼性確保のためには必須のものです。従来は、設計者が経験から想定される故障モードを考え、その影響を推定する必要がありました。しかし、性能や機能の検証が可能なレベルのモデルができれば、個々の部品の故障状態とその時の挙動を定義し、その故障のシステム全体への影響をシミュレーションで予測することが可能になります。人の経験に頼るより、抜け・漏れが少なくできる可能性も高まります。

1.3　モデルベースシステム開発のためのモデリング環境

1.1.1.　モデリング環境の必要要件

　では、上記のようなモデルベースシステム開発を可能とするモデルやシミュレーション環境はどうあるべきでしょうか。まず、モデルについては、当然ながら検討したい性能や挙動を計算するために必要な物理現象がモデルの中で記述されている必要があります。多くの場合、これらは物理現象の数学モデルである方程式で表されます。例えば、機械系であればニュートンの運動法則や作用・反作用の法則、電気系であれば、オームの法則などです。実際のシステムは、機械系や電気系など、様々な物理領域の現象を含んでいます。したがって、方程式の形で、色々な物理領域の法則を統一的なやり方で記述できる必要があります。

　次に、個々の部品やコンポーネント、例えば、電気系システムでは抵抗やコンデンサなどについて、その中で定義される方程式が記述されたとして、それらを組合わせたシステム、例えば電気回路などの挙動をシミュレーションしたい場合、どのようにすればよいでしょうか。通常は、それらのコンポーネントで成立する方程式と、各コンポーネントをつないだ時に成立する方程式、例えば、電気回路で言えばキルヒホッフの電流則や電圧則を連立させて、連立方程式を解く必要があります。一部の物理領域では専用ソフトでこのような機能を実現したツールもありました（例えば、電気回路系のSPICEなど）が、

多種の物理系を同時に扱えるものは少なく、従来は、それらの連立方程式をシステムの設計者が手で解いて、SIMULINK® などのシミュレーションソフトに実装する方法が一般的でした。しかし、それらを手で解かなくとも、各コンポーネントを、実際にモノを作る時と同じ様に組合わせるだけで、各コンポーネントの中で成立する方程式と、コンポーネントをつないだ時に考慮しないといけない方程式を自動的に組合わせて、すべてのコンポーネントを繋いだシステムの連立方程式を自動で解いてくれるシミュレーション環境があれば、大幅に開発効率を高めることができます。

　また、モデルベースシステム開発を行う際、実際のコンポーネント開発の担当者は、自分の担当領域は高精度に検討したいと思う反面、それ以外の部分のモデルはできるだけ簡素な方がよいと考えます。他部署が作った高精度モデルを使えたとしても、計算時間が長くかかったり、検討を行うために集めなければならない設計パラメータの数が多くなり、それらのデータを集める手間がかかるためです。一方、自部署で担当するモデルも、シミュレーションで検討したい項目に応じて考慮しなければいけない物理法則の量が変わってきます。例えば、電気自動車の電力システムの設計で、特定の走行モードを設定し、バッテリーの充電状態により変化する車両の運動性能のみを見たいのであれば、バッテリーの充電量（当然走れば走るほど充電量は少なくなる）と出力電圧の関係、出力電圧に対するモータの出力トルクの関係のみを考慮すればよいのに対し、バッテリーの発熱による出力変化も考慮した実航続距離も検討したいのであれば、バッテリーの充放電に伴う発熱による温度変化のモデル（外界との熱収支のモデルも含まれる）と、それによるバッテリー出力電圧への影響までモデル化しなければなりません。また、従来使ってきたモデルでも、実験解析の結果、新たな知見が得られた場合、それらを含んだ新しい方程式に書き直したくなるはずです。そこで、シミュレーションで検討したい項目に応じて、必要な精度の各コンポーネントのモデル定義式を自由に書き換えられ、また、それらのコンポーネントモデルをシミュレーションの目的に応じて自在に入れ替えて組合わせることができれば好ましいと言えます。

　以上をまとめると、モデルベースシステム開発のための開発環境・ツールとしては、以下の要件が望ましいことになります。

- 多種物理領域の方程式を、統一された書き方で記述できること。
- 各コンポーネントの中で成立する物理方程式を記述しておき、それらを組合わせたシステムのモデルを、各コンポーネントを、実際にモノを作る時と同様に組合わせるだけで、全体システムの連立方程式を自動で解いてくれること。
- 各コンポーネント内のモデル定義式をユーザが自由に書き換えられること。
- コンポーネントモデルを組合わせたシステムモデルにおいて、各コンポーネントモデルを自在に入れ替えられること。

　近年、このような目的で開発されたシミュレーション環境が出現してきました。一つが米国の電気電子業界を中心に発展してきた VHDL-AMS 言語系であり、もう一つが欧州を中心に発展してきた Modelica 言語系です。以下、各々について、簡単に述べます。

1.1.2. VHDL-AMS

VHDL-AMS（Very High Speed Integrated Circuit Hardware Description Language –Analog and Mixed Signal）は、IEEE（Institute of Electrical and Electronic Engineers）にて標準化されたデジタル・アナログ電気系回路のためのモデル記述言語です。元々は、1981年に米国防衛省により規定されたVHSIC（Very High Speed Integrated Circuit）に端を発し、1993年にデジタル回路系のモデル記述言語として標準化されたVHDL（IEEE std. 1076）がベースとなっており、1999年にはアナログ回路にも拡張したVHDL-AMS（IEEE std. 1076.1-1999）として規格化されました。その後、2004年に、ICや電気的なモデルに留まらず、多種物理系を記述するように拡張されました（IEEE std. 1076.1.1）。また、2008年にはメモリ管理や暗号化など、より運用に必要な機能が拡張されています（IEEE std. 1076-2008）。その後、国際標準規格（IEC 61691-6）として規定され、2009年版が最新です。

VHDL-AMSによるモデリングをサポートしている商用ツールとしては、ANSYS Simplorer（ANSYS）、SystemVision（Mentor Graphics）などがあります。

VHDL-AMS系のツールは、その成り立ちから、主に電気回路系を中心としたモデルに多く使用されています。一方、電気系以外の物理領域に対しては、使えるモデルライブラリが少なく、あまり使用されていません。この課題に対しては、後述のFMI（Functional Mockup Interface）を使って、Modelica系ツールのモデルをインポートして使うなどの対応法が提案されています。

1.1.3. Modelica

Modelicaは、微分代数方程式を用いた複合領域の物理システムモデリングのために開発されたオブジェクト指向言語です。その言語仕様は、主に欧州でシミュレーション技術を研究する大学研究者やツールベンダの技術者たちによって構成される非営利団体のModelica Associationが策定しています。1997年に最初のVer. 1.0がリリースされ、2017年5月時点の最新版はVer. 3.3 Revision 2です。

Modelicaでは、各コンポーネント内で成り立つ方程式を数式で記述し、それらを階層的に組合わせて高次のモデルを作ることで、蓄積された知見を再利用できるようにしています。また、モデル記述にオブジェクト指向プログラミングの概念であるクラスと継承の概念を導入し、モデル記述自体の再利用性を高めています。また、1.3節で述べたモデリング環境の必要要件をすべて満たしています。

また、Modelica Associationでは、Modelica言語による様々な物理領域のモデルライブラリを開発しており、数学、機械、電気、熱、流体、制御系、状態遷移機械などを含んだフリーのModelica標準ライブラリ（Modelica Standard Library；MSL）をリリースしています。その他にも、各ツールベンダや研究機関から、商用またはフリーソフトの形で多種多様なライブラリが出されており、車両運動、エンジン、空調、ドライブトレーン、ロボット、油空圧機器、化学プラント、電力伝送系統などへの応用が容易になっています。最近では、Modelicaは広く認知され、主に欧米の自動車やメカトロニクス、航空機、油空圧機器、電気機器、化学プラントなどの業界で応用が広がっています。

Modelicaを使ったシミュレーションツールの開発は多くのベンダが行っており、商用ソフトとして

は、Dymola（Dassault Systéms）、LMS Imagine.Lab AMESim（Siemens PLM Software Inc.）、MapleSim（MapleSoft）、SimulationX（ESI ITI）、Wolfram SystemModeler（Wolfram Research Company）、ANSYS Simplorer（ANSYS）、HyperWorks（Altair）などがあります。（一部のソフトは、従前の独自モデルに加えて Modelica モデルの取り込みをサポート。ANSYS Simplorer のように、Modelica と VHDL-AMS の両方に対応しているものもあります。）また、大学などが開発・配布しているフリーソフトとして、JModelica（JModelica.org）や OpenModelica（Linköping 大学および Open Source Modelica Consortium）などの処理系もあります。また、無償配布されている MSL の他、車両運動や、自動車のエンジン・ドライブトレーン、ハイブリッド車や電気自動車などのパワーエレクトロニクス、電力系統、空調、詳細な油空圧系などの商用ライブラリも、様々なライブラリ開発元から販売されています。

　Modelica Association では、Modelica 言語仕様の策定、MSL の拡張・開発、および、FMI の仕様策定を主導して進めており、その活動や関連資料、論文などは、下記の Modelica Association のホームページから自由にダウンロードできます。

　https://www.modelica.org/

　Modelica Assocation 主催の国際学会である Modelica Conference は、2000 年以降、1 年半ごとに開催されてきました。2000 年の第 1 回大会から 2015 年の第 11 回大会まで、数多くの論文が発表され、言語仕様や処理系の内部処理アルゴリズム、新たなライブラリや産業界での応用事例まで、幅広く議論が交わされています。その参加者は年々増加しており、2014 年の大会では 400 人を超えるまでになっています。また、2016 年 5 月には、日本で最初の国際 Modelica Conference が開催されています。その成功を受けて、2017 年以降は、欧州と欧州以外で、1 年ごとに国際 Modelica Conference を開催していくことが決定しています。

　このように、Modelica および Modelica Association の活動である FMI の活用は年々広まっており、本書もこれらの応用法を主体に解説していきます。

■ 1.1.4.　その他（SimScape）

　標準化された言語ではありませんが、他と互換性のない独立した製品として The MathWorks 社の SimScape® があります。SimScape は、SIMULINK と組合わせて使うことを前提に作られた物理モデリングソフトですが、対応している物理領域は、Modelica ほど多くありません。一方、The MathWorks 社では FMI によるモデル接続への対応を検討中のようです。（サードパーティのベンダから、商用 Toolbox は発売されています。）

1.4　因果的モデリングと非因果的モデリング

　1.3 節で述べたモデリング環境の要件を満たすため、コンポーネント内の定義式は代入式（左辺に出力変数、右辺に入力変数が含まれる計算式）ではなく、どの変数が入力か出力かを予め定義しない関係式（もしくは方程式）である必要があります。前者のモデリング手法を因果的モデリング（Causal

Modeling)、後者を非因果的モデリング（Acausal Modeling）と言います。VHDL-AMS や Modelica は、非因果的モデリングをサポートする言語・ツールです。一方、SIMULINK などのブロック線図でモデルを表すツールは、因果的モデリングツールと言えます。

表1-1 に、因果的モデリングと非因果的モデリングの比較を示します。因果的モデリングでは、モデル要素の入出力をユーザが陽に指定することになるため、要素を記述するためにはブロック線図の形となり、要素間を流れる情報は、一方から他方への信号の流れ（シグナルフロー）になります。

表1-1 因果的モデリングと非因果的モデリング

	因果的モデリング (Causal Modeling)	非因果的モデリング (Acausal Modeling)
モデル要素の 入出力定義	必要	不要
要素の形態／ 要素間の情報	ブロック線図／ シグナルフロー	部品オブジェクト／ 物理量の相互作用
モデル記述方法	代入式 ODE（常微分方程式）	関係式 DAE（微分代数方程式）

一方、非因果的モデリングでは、モデルの入出力を予め定義しないため、要素の形は部品ごとのオブジェクトとなり、要素間の信号は、電気系の場合だと電圧と電流のように、部品相互の間でやりとりされる物理量全部になります。また、モデル要素内での物理式の記述方式としては、因果的モデリングでは代入式（式の左辺に出力、右辺に入力変数が現れる式。プログラミングできる形は、この形である）、非因果的モデリングでは関係式（もしくは方程式）になります。また、微分方程式を表す場合、一般的に、因果的モデリングでは常微分方程式（Ordinary Differential Equation；ODE）、非因果的モデリングでは微分代数方程式（Differential Algebraic Equation；DAE）の形で記述されます。ODE と DAE の説明および数値計算法については、5 章で説明します。

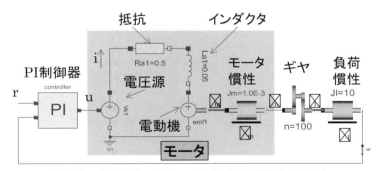

図1-2 非因果的モデリングの例（回転制御システム）

ここで、簡単なシステムの例を使って、因果的モデリングと非因果的モデリングを比べてみましょう。

1.4 因果的モデリングと非因果的モデリング

図 1-2 に示す PI 制御器とモータと回転負荷を繋いだ回転制御システムを考えます。非因果的モデリングでは、図 1-2 に示すように、実際の部品を繋いだような形でシステム全体のモデルを作成できます。この場合、各要素のモデル（オブジェクト）内では、そのオブジェクト内で成り立つ物理関係式が記述されています。また、モータのモデルは、図に示すように、制御器の出力信号（u）を電圧（Vs）に変換する電圧源、モータの内部抵抗（R_a）、内部インダクタンス（L_a）に相当する電気回路モデル、および、電気回路の電流（i）に比例するトルク（τ_m）を出力する電動機で構成されています。モータの出力トルクは、モータ慣性（J_m）を意味する回転系慣性要素と、ギヤ比（n）を介した負荷慣性（J_l）を駆動します。ギヤ要素は、モータ側のトルク・回転数と、負荷側のトルク・回転数を関係付けます。そして、負荷慣性の回転速度（ω_l）を指令値（r）に追従させるよう PI 制御系でモータの指令電圧（u）が計算されます。

図 1-2 の例では、以下のような関係式が各要素内に定義されています。

PI 制御器：

$$u = PI(r - \omega_l) = K_P(r - \omega_l) + \int K_I(r - \omega_l)dt \tag{1-1}$$

（K_p：比例ゲイン、Ki：積分ゲイン）

電圧源：

$$V_S = u \tag{1-2}$$

抵抗器：

（電圧降下）　$V_R = R_a \times i$ （1-3）

インダクタ：

（電圧降下）　$V_L = L_a \times \dfrac{d}{dt}i$ （1-4）

電動機：

（逆起電力）　$V_{emf1} = K_m \times \omega_m$ 　　　　　　　　　　　　　.　（1-5）

（出力トルク）　$\tau = K_m \times i$ （1-6）

モータ慣性：

$$J_m \times \dfrac{d}{dt}\omega_m = \tau_m - \tau_n \tag{1-7}$$

ギヤ要素：

$$\omega_m = n \times \omega_l \tag{1-8}$$

$$\tau_i = n \times \tau_m \tag{1-9}$$

負荷慣性:

$$J_l \times \frac{d}{dt}\omega_l = \tau_l \tag{1-10}$$

また、モータ内の電気回路では、以下の電圧のつり合い式が成立します。

$$V_S = V_R + V_L + V_{emf1} \tag{1-11}$$

　最後の電圧のつり合い式（キルヒホッフの電圧則）は、電気回路要素をループ状に繋いだことによって発生した制約式になります。このように、要素を繋ぐことにより、制約式が追加されることも、非因果的モデリングの特徴です。制約式がいかに追加されるかは、後述します。

　一方、同じモデルを、因果的モデリングで書こうとすると、モデルをブロック線図の形に書き直す必要があります。（1-1）式〜（1-11）式を連立方程式として解析的に解いて、以下の2組の常微分方程式に変換します。

$$\frac{d}{dt}i = \frac{1}{L_a}(u - R_a i - nK_m\omega_l) \tag{1-12}$$

$$\frac{d}{dt}\omega_l = \frac{nK_m}{J_l + J_m n^2}i \tag{1-13}$$

　（1-12）式、（1-13）式を数値積分して i、ω_l を計算し、その値を使って、他の変数を計算します。本例の因果的モデリングの結果（ブロック線図）を、図1-3に示します。図1-2では、要素の物理的な接続関係が良くわかるのに対し、図1-3では、要素の物理的な接続関係や変数間の関係も、まったく分からなくなっています。例えば、図中のゲインブロックに現れているように、ブロック中に複数の要素の係数が含まれ、元のモデルの構造は分からなくなっています。また、このモデルに新たな要素を加えようとすると、システム全体の連立方程式を再度解き直す必要があります。このように、非因果的モデリングは、要素の接続関係が直感的に把握しやすく、また、システム全体の構成を変更するのも容易であることが分ります。

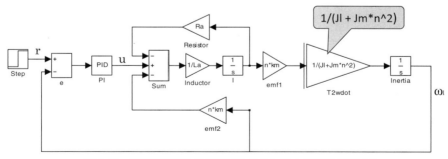

図1-3　因果的モデリングの例（図1-2と同じシステム）

1.4　因果的モデリングと非因果的モデリング

1.5 非因果的モデルの記述法

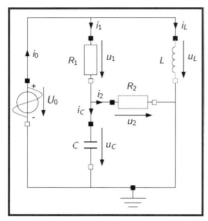

コンポーネント定義式:

$U_0 = f(t)$　　　　$i_C = C \cdot du_C/dt$

$u_1 = R_1 \cdot i_1$　　　$u_L = L \cdot di_L/dt$

$u_2 = R_2 \cdot i_2$

接点方程式:

$i_0 = i_1 + i_L$　　　$i_1 = i_2 + i_C$

閉路方程式:

$U_0 = u_1 + u_C$　　$u_L = u_1 + u_2$

$u_C = u_2$

図 1-4　非因果的モデリングによるモデル記述の例 [1]

　ここでは、非因果的モデリングによるモデルの記述法について、概要を説明します。例として、図1-4（文献 [1] より引用）の電子回路のモデルを考えます。（電圧、電流の向きは電気工学の慣例とは逆ですが、引用文献の記載を踏襲します。）電気系のモデルにおいては、端子間でやり取りする物理量として電圧 u と電流 i が定義されています。そして、例えば、抵抗素子内では、電圧と電流の関係式である u = R・i（R は抵抗値）が定義されています。そして、回路図と同じ様に、グラフィカルエディタ上で部品を組合わせて回路モデルを作成すると、回路全体をシミュレーションするための方程式群が自動的に生成されます。この際、接続した部品同士の間では、キルヒホッフの電流則（任意の節点で接続された電流の総和が零；接点方程式）とキルヒホッフの電圧則（任意の閉回路上の電圧の総和が零；閉路方程式）に相当する定義式が追加されます。接点方程式が成り立つ物理量をスルー変数（Through Variable）またはフロー変数（Flow Variable）、閉路方程式が成り立つ物理量をアクロス変数（Across Variable）またはポテンシャル変数（Potential Variable）と言います。本書では、スルー変数、アクロス変数の言い方をします。図1-4の例では、図の右半分にあるように、10個の関係式が生成されます。ここで、これらの式は、変数間の関係のみを表し、代入式ではないことに注意してください。非因果的モデリングでは、このように、代入式の右辺に表れる計算入力と、左辺に表れる計算出力を陽に意識する必要はありません。生成された関係式は、5章で後述する計算因果関係解析技術を使って、実際に計算機で計算可能な代入式群に変換されます。その際、Modelica ツールの処理系によっては、数式処理も併用して高効率な計算コードを生成するものもあります。また、実際の計算処理に用いられる数値解法としては、5章で説明する常微分方程式の解法だけでなく、微分代数方程式の解法を用いて計算を行います。

一方、多様な物理系への対応としては、各物理領域ごとに、表1-2に示すようなアクロス変数とスルー変数が定義されており、各コンポーネントの中では、これらの変数を用いた関係式が記述されます。一般に、スルー変数とアクロス変数の積は、パワーの次元を持つ物理量となります。また、電気モータのように、電気エネルギと機械エネルギを相互に変換するコンポーネントを定義することもできます。

表 1-2　各種物理領域での物理量変数定義

物理領域	アクロス変数	スルー変数
電気系	電圧	電流
並進機械系	速度 [*]	力
回転機械系	角速度 [*]	トルク
多体機構系	速度、角速度 [*]（3次元）	力、トルク（3次元）
磁気系	磁界ポテンシャル	磁束密度
油圧計	油圧	体積流量
熱系	温度	熱流量
化学系	化学ポテンシャル	モル流量
空気圧系	空気圧	質量流量

([*] 処理系によっては、位置、速度、加速度の次元の物理量を全て使用。)

2. Modelicaの特徴と非因果的モデリングへの応用法

2.1 Modelicaによる物理モデリングの特徴

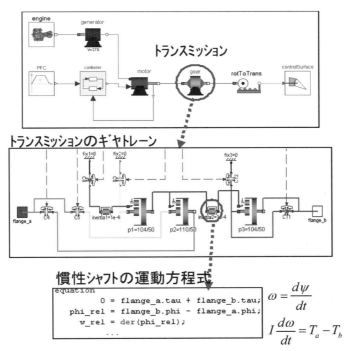

図2-1 Modelicaによる階層的なモデル作成の例

Modelicaによる物理モデリングは、次のような特徴を持っています。
- それぞれの物理系で定義される要素間でやり取りされる物理量と、要素内で成立する物理方程式とで、要素が定義されます。様々な物理系で定義に使われる物理量の一例は表1-2に示した通りです。
- 多数の要素をグラフィカルエディタで組合わせて、大きなモデルを作成できます。(例えば、電気系の場合、電気部品を組合わせて電気回路を作成できます。)
- モデルは階層化でき、複数のサブモデルを組合わせて、非常に大規模なモデルも作成できます。(例えば、1次元回転機械系の慣性シャフトやギヤのモデルを組合わせてトランスミッションのギヤト

レーンモデルを作り、それを、エンジン、発電機、モータなどのモデルと組合わせてハイブリッド車のモデルを作成可能。図 2-1 参照）
● 作成されたモデル全体の計算式は、数式処理と数値演算技術を使って、Modelica 処理系が自動的に作成します。したがって、ユーザは、モデルの計算式を予め解く必要はありません。

2.2　Modelica 言語の参考文献

Modelica の言語仕様の詳細については、以下の参考文献が出ています。

【和文文献】
Tiller M.Michael，古田勝久（監訳），杉木明彦・トヨタテクノサービス（訳）．(2003)．Modelica による物理モデリング入門．オーム社（絶版）
　［2］の和訳。
Fritzson Peter，大畠明（監訳），広野友英（訳）．(2015)．Modelica によるシステムシミュレーション入門．TechShare
　［3］の和訳。

【英文文献】
　［2］Tiller, Michael. (2001). Introduction to Physical Modeling with Modelica. The Springer International Series in Engineering and Computer Science (Book 615): Springer
　［3］Fritzson, Peter. (2011). Introduction to Modeling and Simulation of Technical and Physical Systems with Modelica . Wiley-IEEE Press
　［4］Fritzson, Peter. (2014). Principles of Object-Oriented Modeling and Simulation with Modelica 3.3: A Cyber-Physical Approach. Wiley-IEEE Press

　最新の Modelica の言語仕様の詳細は、以下に示す Modelica Asscoation のホームページから参照できます。
　https://www.modelica.org/documents

2.3　Modelica による非因果的モデル定義法の概要

　以下では、参考文献［5］の例題を題材にして、Modelica 言語の概要を解説していきます。ここでは、Modelica によって物理システムのモデリングをする際に重要となる概念と、初心者が知っておくべき使い方の注意点を中心に説明します。
　まず、図 2-2 に示す簡単な電気回路モデルを考えます。

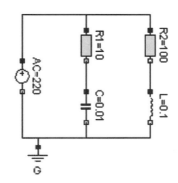

図 2-2　電気回路モデルの例 [6]

　このシステムは、一組の結合された標準的な電気部品に分解することができます。ここには、電圧源、2 つの抵抗器、誘導コイル、コンデンサと接地要素があります。これらの構成要素のモデルは、モデルライブラリからドラッグアンドドロップで利用できます。そして、グラフィカルエディタを用いて、図 2-2 のように、回路図に非常に類似したモデル図を描くことができます。

　この回路モデルの Modelica での表記は、グラフィカルエディタでモデルを作成すると自動的に生成され、以下のようになります。

```
model circuit
    Modelica.Electrical.Analog.Sources.SineVoltage AC(V=220);
    Modelica.Electrical.Analog.Basic.Resistor R1(R=10);
    Modelica.Electrical.Analog.Basic.Resistor R2(R=100);
    Modelica.Electrical.Analog.Basic.Capacitor C(C=0.01);
    Modelica.Electrical.Analog.Basic.Inductor L(L=0.1);
    Modelica.Electrical.Analog.Basic.Ground G;
equation
    connect(AC.p, R2.p);
    connect(R1.p, R2.p);
    connect(R1.n, C.p);
    connect(R2.n, L.p);
    connect(AC.n, L.n);
    connect(C.n, L.n);
    connect(G.p, L.n);
end circuit;
```

　グラフィカルエディタで描画したモデルの情報は、上記の Modelica コードに、Annotation（追記）

情報として、図形の位置や大きさ、接続線の折れ点の情報などが追加された形で生成されます。（Annotation 情報の詳細については、3.12 節を参照。）ここで、Modelica.Electrical.Analog. という表記は、Modelica 標準ライブラリ（Modelica Standard Library: MSL）の電気系パッケージ（Electrical）のアナログ回路（Analog）パッケージからモデルを持ってきていることを示します。その中の信号源パッケージ（Source）から交流電圧源 SineVoltage モデルを、基本回路パッケージ（Basic）から、抵抗器 Resistor、キャパシタ Capacitor、インダクタ Inductor、接地グランド Ground の各モデルを持ってくることを宣言しています。以下では、簡単のため、パッケージ名は省略した形で解説します。

```
Resistor R1(R=10);
```

という表記は、Resistor モデルのクラス（class）を用い、抵抗値 R のパラメータ値が 10 の R1 というモデル要素（コンポーネント）の実体：インスタンス（instance）を宣言しています。モデルコンポーネントの名前にピリオド（.）で続けて、その要素で定義されているコネクタ（connector）名を記述します。（例：R1.n など。）図 2-2 の例では、n が各部品の黒の四角で表されるコネクタ、p が白抜きの四角で表されるコネクタを表しています。また、コンポーネント間の接続関係は、connect というオペレー

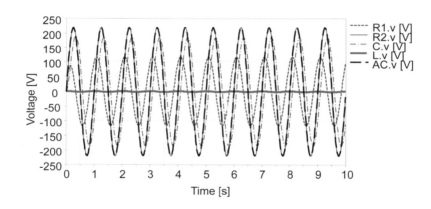

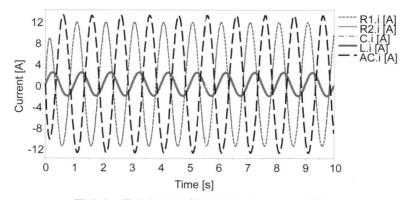

図 2-3　図 2-2 のモデルのシミュレーション結果

2. Modelica の特徴と非因果的モデリングへの応用法

タを用いて、どのモデルのどのコネクタ同士が接続されているかを記述します。

　このモデルは、Modelica処理系で実際にシミュレーションすることができ、交流電源の周波数を1Hzに設定した時の結果は、図2-3に示すようになります。ここで、R1の電流とCの電流、R2の電流とLの電流は、それぞれ重なっています。

　次に、Modelicaで、どのようにライブラリに含まれるモデルのクラスが定義されるかを見ていきます。まず、コネクタ定義においては、そのコネクタで外部とやり取りされるすべての物理量の情報を含まなければなりません。電気系のコンポーネントでは、電位（電気ポテンシャル）と電流がそれに相当します。これらの物理量のデータ型（type）を、以下のように定義します。

　　type Voltage = Real(unit="V");
　　type Current = Real(unit="A");

ここで、Realは実数型を表し、それぞれ単位として"V"（ボルト）と"A"（アンペア）を持つ物理量の型VoltageとCurrentが定義されたことになります。

　データ型の基本型には、実数型（Real）のほか、整数型（Integer）、論理型（Boolean）、文字列型（String）および列挙型（enumeration）があります。これらの型を組合わせて新しいデータ型（構造体：record）を定義することもできます。表2-1に、Modelicaで使用可能な変数の基本の型についてまとめます。

表2-1　Modelicaの基本組み込み型

基本型	意味（記述例）
Real	実数型（例：Real x=1.25）
Integer	整数型（例：Integer i=3）
Boolean	論理型（true / false）（例：Boolean isNum=true）
String	文字列（例：String name="abc"）
enumeration	列挙型 例：type Size = enumeration(small, medium, large, xlarge)

　基本型を拡張して定義したデータ型（上述のVoltageやCurrentなど）は、派生型と呼ばれます。SI単位系の物理量の型や、複素数型を表すComplex型など、よく使用するデータ型は、MSLで派生型としてあらかじめ定義されています。SI単位系の型を使用するときは、例えば以下のように書きます。

　　Modelica.SIunits.Mass　m "Mass";
　　Modelica.SIunits.Force f "Driving force";

　データ型を含めたすべてのModelicaのクラスは、階層化されたパッケージ（package）として定義されており、ピリオドで各階層の名前を繋ぐことで表現することができます。上の例では、最初のModelicaは、MSL全体のパッケージ名を表しており、2番目のSIunitsは、SI単位系のデータ型を定義したパッケージ名を示しています。すべてのクラスは、このように、パッケージの構成に従って、すべてのクラス名をピリオドで繋ぐことでアクセスすることができますが、以下のように、パッケージの参

照：インポート（import）を使って、短縮形で表現することもできます。

```
import SI = Modelica.SIunits;
SI.Mass   m "Mass";
SI.Force  f "Driving force";
```

次に、コネクタの定義法について説明しましょう。電気系のコネクタは、以下のように宣言されています。

```
connector Pin
    Voltage v;
    flow Current i;
end Pin;
```

Pinという名前の電気系コネクタのクラスの要素として、Voltage型の変数vとCurrent型の変数iがあることが分かります。ここで、変数iの前につけられたflowというキーワードは、この変数がスルー変数であることを示しています。flow宣言のない変数vは、アクロス変数になります。ここで、Pin型のコネクタであるPin1とPin2を結合するオペレータconnect(Pin1, Pin2)が宣言されたとすると、それぞれのコネクタの物理量の間に、1.5節で説明した接点方程式と閉路方程式（電気系の場合は、キルヒホッフの電流則と電圧則に相当）で表される制約式が成り立つことになります。この例では、Pin1.v = Pin2.vと、Pin1.i + Pin2.i = 0の方程式が宣言されたのと同じ意味になります。このように、Modelicaでは、コネクタの概念を使って、非因果的モデリングを可能にしています。グラフィカルエディタを使用して、端子間を接続すると、自動的にconnect宣言で端子を結合したことになります。なお、物理型の異なる端子同士を接続しようとすると、エラーになります。

次に、電気系のモデルを例に、部分モデル（partial model）を用いたモデル定義の再利用について説明しましょう。Modelicaでは、この「部分モデル」と「継承」というオブジェクト指向プログラミングの概念を使って、モデル定義を効率化しています。

電気系のコンポーネントは、ほとんどのものが、電気系の端子を2つもっています。そこで、2端子の電気系モデルの部分モデルを以下のように定義します。

```
partial model OnePort "Superclass of elements with two electrical pins"
    Pin p, n;
    Voltage v;
    Current i;
equation
    v = p.v - n.v;
    0 = p.i + n.i;
    i = p.i;
end OnePort;
```

これは、電気系のコネクタ Pin の二つの端子 p と n を持ち、p と n の電位差 v と、p から流れ込み、n から出ていく電流 i の二つの変数が定義された部分モデル OnePort を表しています。ここで、partial というキーワードは、このモデルが未完結の部分モデルであることを示しています。partial なモデルは、この後述べるクラスの継承（inheritance）の概念を使って、不足している定義式を追加して完成された部品モデルを定義する元となります。なお、最初の行の "（ダブルコーテーション）で囲まれた文字列はコメントです。コメントの記述法としては、" を使う以外の方法もありますが、詳細は、後で説明します。また、スルー変数の符号については、コネクタから流れ込む方向を正とし、流出していく方向を負とするのが、Modelica の慣例です。

では、部分モデル OnePort を使って、抵抗器の要素モデルを作る方法を見ていきましょう。抵抗器のモデルは、その内部で成立するオームの法則を使って、以下のように定義されます。

```
model Resistor "Ideal electrical resistor"
    extends OnePort;
    parameter Real R(unit="Ohm") "Resistance";
equation
    R*i = v;
end Resistor;
```

ここで、extends は、部分モデルを継承してモデルを拡張することを意味します。キーワード parameter は、ここで宣言された実数型の抵抗値を表す変数 R（単位は "Ohm"）がシミュレーションの前後で値を変更可能であることを宣言しています。そして、キーワード equation の下からキーワード end で指定されたモデル定義の最後までの部分（equation section）で、このコンポーネント内で成立する方程式を宣言します。

まったく同様にして、キャパシタのモデルも以下のように定義できます。

```
model Capacitor "Ideal electrical capacitor"
    extends OnePort;
    parameter Real C(unit="F") "Capacitance";
equation
    C*der(v) = i;
end Capacitor;
```

ここで、der(v) は、変数 v の時間微分を意味します。このように、Modelica では、微分方程式を容易に記述できるようになっています。一方、離散システムの差分方程式は、pre 演算子（一演算時刻前の値）を使って記述することができます。

図 2-4 に、上記の Oneport, Resistor, Capacitor の各モデルのイメージを示します。

前述のように、Modelica のクラス、部分モデル、継承などの概念は、オブジェクト指向プログラミングの概念から来ています。継承される元となるクラス（部分モデル）は、スーパークラス（superclass）またはベースクラス（base class）、継承先のクラスは、サブクラス（subclass）または派生クラス（derived

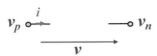

```
partial model OnePort
  Pin p, n;
  Voltage v;
  Current i;
equation
  v = p.v - n.v;
  p.i + n.i = 0;
  i = p.i;
end OnePort;
```

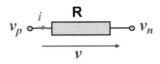

```
model Resistor "Ideal resistor"
  extends OnePort;
  parameter Resistance R;
equation
  R*i = v;
end Resistor;
```

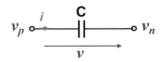

```
model Capacitor "Ideal capacitor"
  extends OnePort;
  parameter Capacitance C;
equation
  C*der(v) = i;
end Capacitor;
```

図2-4 部分（partial）モデルと継承（extends）

class）と呼ばれます。Modelicaのようなオブジェクト指向プログラミングの手法でモデリングをする利点は、ベースクラスの定義を流用して多様な派生クラスを効率的に作ることができることですが、一方、不用意にベースクラスの定義を書き換えると、そのベースクラスを継承しているすべての派生クラスの定義も同時に書き換わってしまうことになり、この点は注意が必要です。

次に、回路モデルの中の正弦波交流電圧源の定義を見てみましょう。これは、MSLの中のSine-Voltageとは違いますが、説明のため、同様の機能を持つモデルを定義しています。

```
model VsourceAC "Sin-wave voltage source"
    extends OnePort;
    parameter Voltage VA = 220 "Amplitude";
    parameter Real f(unit="Hz") = 1 "Frequency";
    constant Real PI=3.141592653589793;
equation
    v = VA*sin(2*PI*f*time);
end VsourceAC;
```

キーワード constant を用いて、円周率を表す定数 PI が定義されています。ただ、円周率のように、一般的に使用される物理定数については、MSL であらかじめ定義されています。例えば、

```
constant Real PI=Modelica.Constants.pi;
```

のように、使うことが可能です。

最後に、接地要素 Ground の定義も見ておきましょう。

```
model Ground "Ground"
    Pin p;
equation
    p.v = 0;
end Ground;
```

Ground モデルには、ふたつの目的があります。一つは、電気回路モデルにおいて、絶対電位のゼロ点を定義すること。もう一つは、閉回路のモデルを作成するとキルヒホッフの電流則が一つ余分に生成されるのに対し、Ground で p.i=0 となるように回路全体に対する制約条件式を暗に追加して、方程式系を解ける形にすることです。

2.4 Modelica による常微分方程式の解法

Modelica は、非因果的モデリングのツールとして非常に有用ですが、一方、常微分方程式の解を求めるツールとしても使うこともできます。この場合、部品モデルを定義するのではなく、常微分方程式を含むモデルのクラスを直接定義します。一例として、一時遅れ要素を含んだローパスフィルタの例を示します。

今、入力 u と出力 y が、以下の一時遅れ伝達関数で結ばれているフィルタを考えます。

$$y = \frac{1}{1+sT} u$$

これを微分方程式で書くと、以下のようになります。

$$y + T\frac{dy}{dt} = u$$

このモデルは、Modelica では、以下のように書くことができます。

```
model LowPassFilter
    parameter Real T=1;
    Real u, y(start=1);
equation
    T*der(y) + y = u;
end LowPassFilter;
```

ここで、キーワード equation 以下の部分で示される部分が、方程式の定義部になります。前述のように、der(y) は、変数 y の時間微分を表します。LowPassFilter クラスを、Modelica 処理系ツールでシミュレーションした結果は、後に、図 3-1 に示します。Modelica では、このように、微分方程式を定義するだけで、数値的に計算することも可能です。

次の章では、Modelica 言語の重要な要素について、説明していきます。

3. Modelicaの文法の概要

以下では、Modelica言語の特に重要な概念について、説明していきます。

Modelicaによるモデリングの基本要素としては、以下のものがあります。
- 変数の宣言
- 階層化されたコンポーネント
- コンポーネントの配列
- 方程式とアルゴリズム
- コネクション
- 関数

なお、Modelicaでは、命名規則として、クラス名は大文字で始めてかつ意味のある単語の区切りのみ大文字とした名前を、実体（インスタンス）の名前は、小文字で始める名前とすることが一般的です。

3.1 変数の型、属性、可変性

3.1.1. 変数の型宣言

モデルの中で使用される変数の宣言は、以下の例のようになされます。

    Real u, y(start=1);
    parameter Real T=1;

変数を宣言するときは、必ず変数の型を指定します。変数の型としては、表2-1に示した基本の組み込み型（Real, Integer, Boolean, String, enumeration）の他に、Modelica Standard Library (MSL) の中であらかじめ用意されている各種の物理系のSI単位系（ISO31-1992）に対応した物理型や複素数型を使用することができます。

3.1.2. 変数の属性

各変数について、以下に示す属性（attribute）情報を追加することができます。

start属性：

実数型または整数型の変数の初期値推定値を指定する場合は、start属性を追加して行います。上の例では、変数yの初期値推定値として（実数の）1を指定しています。ここで、初期値ではなく、初

期値推定値と書いたのは、Modelica ではモデルをシミュレーションする際、最初に、すべての変数の初期値をモデル全体で平衡状態として整合するように自動的に計算するためです。初期値推定値を指定すると、初期値の真の値を計算する時に、初期値推定値の近傍を中心に真値の探索を行います。初期値推定値を指定しない場合、0 を指定したものとみなされます。初期値推定値の指定は、特に非線形システムを扱う場合において、複数の初期値を取り得るような場合に有効です。なお、初期値を強制的に指定したい場合、次に述べる fixed 属性を用います。

fixed 属性：

fixed 属性を start 属性と一緒に用いると、変数の初期値を初期値推定値に固定することができます。この場合、fixed = true と指定します。デフォルトでは、fixed = false となっています。fixed 属性を使う場合、モデル全体として不整合となるような複数の初期値を設定すると、初期値計算が失敗するので、注意が必要です。

min 属性と max 属性：

物理的に合理的な値の下限、上限を指定したい場合には、min 属性と max 属性を使います。例えば、絶対温度を表す実数型の変数を宣言する場合、min = 0 とすると、非現実的な結果を回避するのに役立ちます。Real 型と Integer 型の変数は、min と max 属性を持ちます。

quantity 属性：

quantity 属性は、実数型の性質を記述した文字列です。例えば、quantity = "Energy" のように指定します。実数型以外の型の変数に対しては、quantity 属性はありません。

unit 属性と displayUnit 属性：

unit 属性は、実数型変数の単位を示す文字列です。また、displayUnit 属性は、ツールでデータを入力したり結果を表示したりする際に用いる単位を指定する文字列です。ただし、displayUnit 属性を使ってデータを扱うには、ツールがその機能をサポートしている必要があります。

stateSelect 属性：

数値積分の対象となる状態変数として選択するかどうかを指定するための属性です。以下の列挙型の中から指定します。

値	意味
never	常に状態変数として選択しない
avoid	できれば状態変数として選択しない
default	微分可能な場合のみ、状態変数として選択する
prefer	できるだけ状態変数として選択する
always	常に状態変数として選択する

変数の属性についてのまとめを、表 3-1 に示します。

一方、シミュレーションの前後での変数の可変性（variability）について指定することもできます。

キーワードparameterで指定された変数は、シミュレーションの実行中は定数として扱われますが、シミュレーションの実行前後で値の変更ができます。一方、キーワードconstantで指定された変数は、常に固定値として扱われます。キーワードdiscreteで指定された変数は、離散時間系変数として扱われ、指定された計算ステップ時刻でのみ値が変化します。discrete変数に対しては、der（微分）演算子を適用することはできません。

上記のparameter変数の可変性についての性質の応用として、標準のMSLなどでは係数がparameter指定されているクラスに対して、parameter指定を削除した新たなクラスを定義することで、それらのパラメータをシミュレーション中にも変更できるモデルを作ることができます。

表3-1　変数の属性一覧

属　性	有効な変数型	意　味	デフォルト値
start	Real Integer Boolean String	初期値（推定値）	0 (Real) 0 (Integer) false (Boolean) "" (空文字列)(String)
fixed	Real Integer Boolean	初期値を固定する	false
quantity	Real Integer Boolean String	変数の物理的意味の説明	""
unit	Real	単位系	""
displayUnit	Real	表示用単位系	""
min	Real Integer	下限値	-Inf
max	Real Integer	上限値	+Inf
stateSelect	Real	状態変数として選択可否	default

3.2　モデル再利用のためのクラス（class）

Modelicaにおいてもっとも基本的な概念はクラス（class）です。クラスの概念は、オブジェクト指向プログラミング言語と同じです。クラスの中でも、表3-2に示す7つのクラスは、Modelicaの基本概念を表す特別クラス（specialized classes）として定義されています。

これらの特別クラスは、一般的なクラスに比べて、例えば、**record**には方程式セクションを含んではいけないなど、それぞれの使い方について、より厳密な制限があります。

表 3-2　Modelica における特別クラス

record	構造体のデータ型を定義します。
type	変数（物理量）のデータ型を定義します。
model	モデルを定義する際に用います。class と同じ作用を持ちます。
block	model と同じ意味ですが、すべてのコネクタに繋がれたデータは、入力（input）か出力（output）かの定義を持ちます。ブロック線図形式のモデルを定義するために使われます。block の中では、モデル記述が因果的になります。
package	class や model の集合体です。階層化されたモデルの定義や、ライブラリをまとめるときに使われます。
function	関数を定義します。
connector	コネクタの定義を宣言します。

　クラスを使ったモデルの再利用の方法を示すために、二つのローパスフィルタが縦続接続されたモデルを考えます。クラスの定義には、変数の宣言と、方程式部（equation）の宣言が含まれます。2.4 節で使ったローパスフィルタのクラス定義を再度使用します。

```
model LowPassFilter
    parameter Real T=1;
    Real u, y(start=1);
equation
    T*der(y) + y = u;
end LowPassFilter;
```

ここで、キーワード equation 以下の部分で示される部分が、方程式の定義部になります。前述のように、der(y) は、変数 y の時間微分を表します。LowPassFilter クラスを、Modelica 処理系ツールでシミュレーションした結果を図 3-1 に示します。

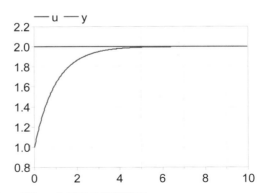

図 3-1　LowPassFilter クラスの計算結果

　上で定義したローパスフィルタのクラス LowPassFilter を使って、二つのローパスフィルタが縦

続接続されたモデルを以下のように定義できます。

model FiltersInSeries
    LowPassFilter F1(T=2), F2(T=3);
equation
    F1.u = Modelica.Math.sin (**time**);
    F2.u = F1.y;
end FiltersInSeries;

2行目では、クラスLowPassFilterの属性を持つ実体F1とF2を宣言しています。ここで、元のクラス定義で使われたパラメータT=1の代わりに、F1ではT=2、F2ではT=3のパラメータを使うことを同時に宣言しています。このような操作は、修飾（modification）と呼ばれます。各クラスの変数には、．（ドット）により名前を繋げたドット表現（dot notation）でアクセスできます。4行目では、クラスF1の入力変数F1.uとして時間関数timeのサイン波形を指定しています。5行目では、F1の出力F1.yとF2の入力F2.uを繋いで、フィルタの縦続接続を作っています。図3-2に、FilterInSeriesのシミュレーション結果を示します。

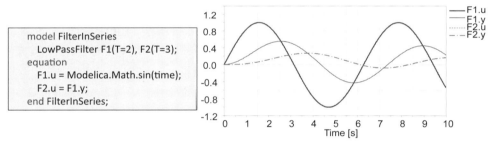

図 3-2 **FilterInSeries** のシミュレーション結果

クラスFilterInSeriesを使って、さらに高次の階層のモデルを定義することもできます。ここでも、階層化されたmodificationの操作は有効です。この場合、二通りの書き方があります。

model ModifiedFiltersInSeries
    FiltersInSeries F12(F1(T=2), F2(T=3)); // alternative 1
    FiltersInSeries F34(F1.T=6, F2.T=11); // alternative 2
end ModifiedFiltersInSeries;

// 以降は、その行中はすべてコメントとなります。ModifiedFiltersInSeriesのシミュレーション結果を図3-3に示します。

クラスをいっぱい作ると、名前の重複が起こることが考えられます。このために有効なのがpackageです。関連する変数や定数の定義と、方程式を含んだモデルのクラスを一つのpackageにまとめることで、外部の同名のものとの区別をつけることができます。package内の変数やクラスに外から

3.2 モデル再利用のためのクラス（class）

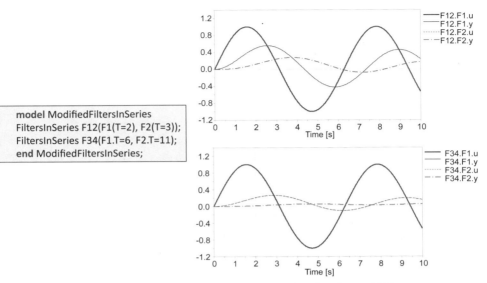

```
model ModifiedFiltersInSeries
  FiltersInSeries F12(F1(T=2), F2(T=3));
  FiltersInSeries F34(F1.T=6, F2.T=11);
end ModifiedFiltersInSeries;
```

図 3-3　ModifiedFiltersInSeries のシミュレーション結果

アクセスするには、．（ドット）で package 名から名前をつなげた名称を使います。

一方、外部から操作してほしくない変数やクラスには、protected 宣言を行うことで保護することもできます。protected キーワードから次のキーワードが出現するまでの部分が保護されます。なお、protected 宣言されない変数やクラスは、すべて public 属性とされ、クラス外部からの参照が可能です。

```
model FiltersInSeries2
    parameter Real T1=2, T2=3;
    input Real u;
    output Real y;
protected
    LowPassFilter F1(T=T1), F2(T=T2);
equation
    F1.u = u;
    F2.u = F1.y;
    y = F2.y;
end FiltersInSeries2;
```

なお、protected セクション中の変数は、そのクラスを extends した上位クラスからは、そのクラス内に限って制限なしに参照することができます。

3.3　コネクタ (connector) とコネクション (connection)

　コネクタおよびコネクションは、Modelicaにおける重要な概念です。コネクタを定義するには、1.5節で述べたように、まず、そのコネクタを通してやり取りするスルー変数とアクロス変数の物理量を定義することから始めます。この際、対象とする物理系に特有の変数型をあらかじめ定義しておくと、分かり易くなります。例えば、電気系では、以下のようにします。

```
type Voltage = Real(unit="V");
type Current = Real)unit="A");

connector Pin
    Voltage v;
    flow Current i;
end Pin;
```

上の例では、自分で物理型を定義しましたが、もちろん、MSLで用意されているSI単位系の物理型を使っても構いません。

　次に、コネクタを使用して、実際の要素部品などのモデルを定義します。例えば、抵抗器のモデルは以下のように定義できます。

```
model Resistor
    Pin p, n; // "Positive" and "negative" pins.
    parameter Real R(unit="Ohm") "Resistance";
equation
    R*p.i = p.v - n.v;
    p.i + n.i = 0; // Positive currents into component.
end Resistor;
```

　最後に、これらの要素モデルを、connectオペレータを使って結合することで全体モデルを作成します。

```
model SimpleCircuit
    Resistor R1(R=100), R2(R=200), R3(R=300);
equation
    connect(R1.p, R2.p);
    connect(R1.p, R3.p);
end SimpleCircuit;
```

connectコマンドにより、結合されたコネクタ間でやりとりする物理量の変数に対して、接点方程式（任意の節点で接続されたスルー変数の総和が零）と閉路方程式（任意の閉回路上のアクロス変数の総

和が零）が付加されます。上の例では、以下の制約方程式が生成されます。

```
R1.p.v = R2.p.v;
R1.p.v = R3.p.v;
R1.p.i + R2.p.i + R3.p.i = 0;
```

　上記の `SimpleCircuit` モデルの例では、すべて Modelica 言語を使ってテキストだけでモデルを記述しましたが、グラフィカルエディタ付きの Modelica 処理系のツールを使えば、より簡単にコンポーネントの結合を行ってモデルを作成することができます。Register モデルと SimpleCircuit モデルを、グラフィカルエディタを使って作った時のモデルの例を図 3-4 に示します。（Register モデルの抵抗値パラメータ R の型指定は、`Modelica.SIunits` で定義されている Resistance 型で行っています。）SimpleCircuit モデルを作るには、グラフィカルエディタ上で Register モデル R1, R2, R3 を配置し、コネクトするコネクタ同志を結合するだけで、モデルが作成できます。

```
model Resistor
  Pin p, n; // "Positive" and "negative" pins.
  parameter Modelica.SIunits.Resistance R;
Equation
  R*p.i = p.v - n.v;
  p.i + n.i = 0;
end Resistor;
```

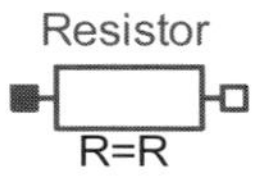

```
model SimpleCircuit
    Resistor R1(R=100), R2(R=200), R3(R=300);
equation
    connect(R1.p, R2.p);
    connect(R2.p, R3.p);
end SimpleCircuit;
```

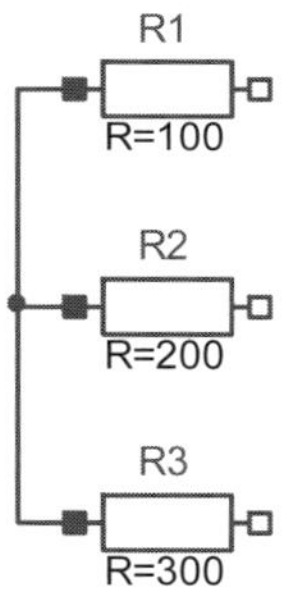

図 3-4　GUI 表現による SimpleCircuit モデルの記述

　さまざまな物理系のモデルを定義するために、それぞれの物理系にあったコネクタをあらかじめ定義しておくと便利です。MSL では、代表的な物理領域に対して、表 3-3 に示すような標準的なコネクタ定義が準備されています。

表 3-3　MSL で定義されているコネクタクラス

（http://modelica.github.io/Modelica/help/Mcdelica_UsersGuide.html#Modelica.UsersGuide.Connectors より引用）

物理領域	アクロス変数	スルー変数	コネクタ定義	アイコン
アナログ電気系	電気ポテンシャル	電流	`Modelica.Electrical.Analog.Interfaces` `Pin, PositivePin, NegativePin`	■ □
多相電気系	電気系 Pin のベクトル		`Modelica.Electrical.MultiPhase.Interfaces` `Plug, PositivePlug, NegativePlug`	● ○
電気フェーザ	2 電気ポテンシャル	2 電流	`Modelica.Electrical.Machines.Interfaces` `SpacePhasor`	◆
準静的単相電気系	複素電気ポテンシャル	複素電流	`Modelica.Electrical.QuasiStationary.SinglePhase.Interfaces` `Pin, PositivePin, NegativePin`	■ □
準静的多相電気系	準静的単相電気系 Pin のベクトル		`Modelica.Electrical.QuasiStationary.MultiPhase.Interfaces` `Plug, PositivePlug, NegativePlug`	● ○
デジタル電気系	整数(1..9)		`Modelica.Electrical.Digital.Interfaces` `DigitalSignal, DigitalInput, DigitalOutput`	■ ▷
磁気回路	磁気ポテンシャル	磁束	`Modelica.Magnetic.FluxTubes.Interfaces` `MagneticPort, PositiveMagneticPort, NegativeMagneticPort`	■ □
磁気波動	複素磁気ポテンシャル	複素磁束	`Modelica.Magnetic.FundamentalWave.Interfaces` `MagneticPort, PositiveMagneticPort, NegativeMagneticPort`	● ○
並進機械系	距離	力	`Modelica.Mechanics.Translational.Interfaces` `Flange_a, Flange_b`	■ □
回転機械系	角度	トルク	`Modelica.Mechanics.Rotational.Interfaces` `Flange_a, Flange_b`	● ○
3 次元機械系	位置ベクトル Orientation（全体 - ローカル座標変換行列）	力ベクトル、トルクベクトル	`Modelica.Mechanics.MultiBody.Interfaces` `Frame, Frame_a, Frame_b, Frame_resolve`	▮ ▯
簡易流体流れ	圧力、エンタルピー	質量流量 エンタルピー流量	`Modelica.Thermal.FluidHeatFlow.Interfaces` `FlowPort, FlowPort_a, FlowPort_b`	⊟ ⊡

3.3　コネクタ（connector）とコネクション（connection）

	圧力	質量流量		
熱流体	Stream 変数： 比エンタルピー 質量分率		`Modelica.Fluid.Interfaces` `FluidPort, FluidPort_a, FluidPort_b`	●○

熱伝導	温度	熱流量	`Modelica.Thermal.HeatTransfer.`
			`Interfaces`
			`HeatPort, HeatPort_a, HeatPort_b`
				■□

ブロック線図	実数、整数、論理数		`Modelica.Blocks.Interfaces`
			`RealSignal, RealInput, RealOutput`
			`IntegerSignal, IntegerInput,`
			`IntegerOutput`
			`BooleanSignal, BooleanInput,`
			`BooleanOutput`
				▶▷
				▶▷
				▶▷

複素ブロック線図	複素数		`Modelica.ComplexBlocks.Interfaces`
			`ComplexSignal, ComplexInput,`
			`ComplexOutput`
				▶▷

状態遷移ステートマシン	論理変数
	(Occupied, set,
	available,
	reset)
			`Modelica.StateGraph.Interfaces`
			`Step_in, Step_out, Transition_in,`
			`Transition_out`
				▶□

3.4 部分モデル（partial model）と継承（inheritance）

2.3節で述べたように、共通で使えるクラス定義を元に、いろいろなモデルを派生的に作ることができます。例えば、多くの電気系部品は2つの電気系コネクタを持っています。partial指定子を使って、以下の2端子モデルを部分モデルとして定義しておくと便利です。extends オペレータによる部分モデルの継承は、何回でも階層化できます

```
partial model OnePort "Superclass of elements with two electrical pins"
    Pin p, n;
    Voltage v;
    Current i;
equation
    v = p.v - n.v;
    0 = p.i + n.i;
    i = p.i;
end OnePort;
```

2.3節に示した抵抗器やキャパシタの例の他にも、誘導インダクタも以下のように定義できます。

```
model Inductor "Ideal electrical inductance"
    extends OnePort;
```

```
    parameter Real L(unit="H") "Inductance";
  equation
    L*der(i) = v;
  end Inductor;
```
また、温度特性を考慮したより詳細な抵抗器のモデルを、以下のように定義することができます。
```
  model TempResistor "Temperature dependent electrical resistor"
    extends OnePort;
    parameter Real R(unit="Ohm") "Resistance for ref. Temp.";
    parameter Real RT(unit="Ohm/degC")=0 "Temp. dep. Resistance.";
    parameter Real Tref(unit="degC")=20 "Reference temperature.";
    Real Temp=20 "Actual temperature";
  equation
    v = p.i*(R + RT*(Temp-Tref));
  end TempResistor;
```

一般に、モデルクラス A がモデルクラス B のクラス定義をすべて包含している場合、モデルクラス A はモデルクラス B のサブタイプ（subtype）と呼ばれます。

3.5　クラスのパラメトリゼーション（parametrization）

Modelica の非常に強力な機能として、クラスのパラメトリゼーション（再定義機能）があります。これは、例えば電気回路モデルの例で、回路の接続構造を変えずに、一部の部品のみを入れ替えた回路モデルを作りたいような場合に有効です。そのためには、入れ替えの可能性のあるモデルクラスに replaceable 指定子をつけて宣言します。

```
  model SimpleCircuit
    replaceable Resistor R1(R=100), R2(R=200), R3(R=300);
  equation
    connect(R1.p, R2.p);
    connect(R1.p, R3.p);
  end SimpleCircuit;
```

ここで、回路の接続構造や R1.R と R2.R のようなパラメータ値は変えずに、抵抗器を前述の温度特性を考慮した詳細な抵抗器モデルに入れ替えたい場合、SimpleCircuit モデルを継承（extends）し、以下のように redeclare オペレータを使って記述します。

```
  model RefinedSimpleCircuit
    Real Temp;
```

```
        extends SimpleCircuit(
            redeclare TempResistor R1(RT=0.1, Temp=Temp),
            redeclare TempResistor R2);
        end RefinedSimpleCircuit;
```

上の例では、Resistorクラスのモデル R1 と R2 が、TempResistor クラスとして再定義（redeclaration）されました。TempResistor クラスが Resistor クラスのサブタイプであるので、上記の再定義が可能です。上記のように、新たに入れ替えた TempResistor モデル R1 のパラメータ RT と Temp を外部から指定することも可能です。一方、モデルの入れ替えを行っても変えてほしくないパラメータ値を指定することもできます。この場合、final 宣言子を使って以下のように宣言します。

```
        Resistor R3(final R=300);
```

final 宣言された変数は、それ以上、redeclaration も含めて修飾されることはありません。

Resistor モデルを、抵抗器以外の一般的な 2 端子電気回路要素に置き換えることもできます。この場合、2 端子電気回路要素のベースクラスである OnePort を使って、以下のように記述します。

```
        model Circuit1
            replaceable Resistor Resistor constrainedby OnePort;
            Resistor R2(R=200);
            Resistor R3(R=300);
        equation
            connect(Resistor.p, R2.p);
            connect(R1.p, R3.p);
        end Circuit1;
```

これにより、抵抗器 Resistor は、OnePort を継承しているどんなモデルとも入れ替えが可能となります。例えば、回路モデル中の Resistor をキャパシタに置き換えることも可能です。

```
        model RefinedCircuit1
            extends Circuit1(redeclare Capacitor Resistor(C=0.001));
        end RefinedCircuit1;
```

上記の操作は、グラフィカルエディタを備えたツールを使うと、より簡単に行えます。図 3-5 に、グラフィカルエディタで書いた Circuit1 モデルと、その Modelica コード（グラフィカルエディタにより自動生成されたもの）を示します。但し、グラフィカルエディタでは、MSL の電子回路部品を Drag and Drop して回路モデルを作成したため、クラス名は MSL のものになっています。このモデルを作るには、まず、図 3-4 で作った SimpleCircuit と同じ形のモデルをベースにします。ここで、図 3-6 のように、Resistor モデルをクリックして「属性の変更」を実行し、Replaceable のチェックをつけてやるだけで、図 3-5 に示した Circuit1 モデルを作成することができます。ツールによっては、Replaceable 属性をつけると、図 3-6 に示すように、部品が沈み込んで表現されるものもあります。次に、Circuit1

モデルを拡張して RefinedCircuit1 モデルを定義し、Resistor モデルを選択して「モデルの変更」を実行すると、置換可能なモデルの一覧（OnePort ベースクラスから拡張されたモデル全部）が表示されるので、Capacitor モデルを選択し、パラメータとして、容量 C=0.001[F] を指定してやると、図 3-7 のようなモデルが完成できます。

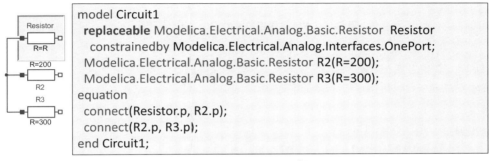

図 3-5　Circuit1 モデル

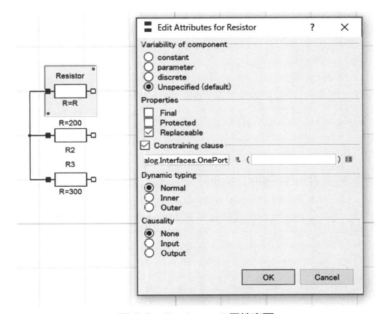

図 3-6　Resistor の属性変更

3.5　クラスのパラメトリゼーション（parametrization）

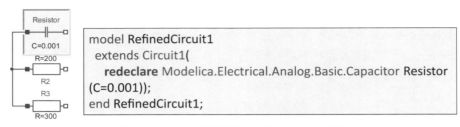

図 3-7　クラス再定義後の Circuit1 モデル

どの抵抗器が置換可能かを分かり易くするために、置換可能な抵抗器のクラスを新たに定義することも有効です。以下では、置換可能な抵抗器を表すクラスとして ResistorModel というクラスを定義しています。

```
model SimpleCircuit2
  replaceable model ResistorModel = Resistor;
protected
  ResistorModel R1(R=100), R2(R=200);
  Resistor R3(final R=300);
equation
  connect(R1.p, R2.p);
  connect(R1.p, R3.p);
end SimpleCircuit2;
```

ResistorModel クラスのデフォルト値は Resistor クラスです。このようにしておくと、ResistorModel クラスに定義された抵抗器のモデルを一括して、例えば温度特性付の抵抗器モデルに入れ替えることもできます。

```
model RefinedSimpleCircuit2 =
  SimpleCircuit2(redeclare model ResistorModel = TempResistor);
```

モデル再定義のもう一つの有用な使い方は、コネクタでのモデルインターフェイスの拡張です。例として、流体を扱うタンクのモデルを考えます。

```
connector Stream
  Real pressure;
  flow Real volumeFlowRate;
end Stream;

model Tank
  parameter Real Area=1;
```

3. Modelica の文法の概要

```
    replaceable connector TankStream = Stream;
    TankStream Inlet, Outlet;
    Real level;
  equation
    // Mass balance.
    Area*der(level) = Inlet.volumeFlowRate +
      Outlet.volumeFlowRate;
    Outlet.pressure = Inlet.pressure;
  end Tank;
```

このタンクモデルを拡張して、熱流も考慮したモデルを考えます。このモデルは、コネクタでのインターフェイスの拡張と、定義物理式の拡張の両方を含んでいます。

```
  connector HeatStream
    extends Stream;
    Real temp;
  end HeatStream;


  model HeatTank
    extends Tank(redeclare connector TankStream = HeatStream);
    Real temp;
  equation
    // Energy balance.
    Area*Level*der(temp) = Inlet.volumeFlowRate*Inlet.temp +
      Outlet.volumeFlowRate*Outlet.temp;
    Outlet.temp = temp; // Perfect mixing assumed.
  end HeatTank;
```

上記の HeatTank の定義は、以下と等価です。この変換は、後述の Modelica 処理系の構文解析部により自動的に行われます。

```
  model HeatTankT
    parameter Real Area=1;
    connector TankStream
      Real pressure;
      flow Real volumeFlowRate;
      Real temp;
    end TankStream;
```

3.5 クラスのパラメトリゼーション (parametrization)

```
    TankStream Inlet, Outlet;
    Real level;
    Real temp;
  equation
    Area*der(level) = Inlet.volumeFlowRate +
      Outlet.volumeFlowRate;
    Outlet.pressure = Inlet.pressure;
    Area*level*der(temp) = Inlet.volumeFlowRate*Inlet.temp +
    Outlet.volumeFlowRate*Outlet.temp;
    Outlet.temp = temp;
  end HeatTankT;
```

3.6 行列（Matrices）と配列（Arrays）

配列変数は、クラス名の後に要素数をつけるか、コンポーネント名の後に要素数をつけることで宣言できます。

```
    Real[3] position, velocity, acceleration;
    Real[3,3] transformation;
    Real[3,2,10] table;
```

または

```
    Real position[3], velocity[3], acceleration[3],
      transformation[3, 3];
    Real table[3,2,10];
```

行列型や配列型の type 名を定義することもできます。

```
    type Transformation = Real[3, 3];
    Transformation transformation;

    type Position = Real(unit="m");
    type Position3 = Position[3];

    type Force = Real(unit="N");
    type Force3 = Force[3];

    type Torque = Real(unit="N.m");
```

3. Modelica の文法の概要

```
    type Torque3 = Torque[3];
```
上記の定義を使って、3次元のマルチボデーダイナミクス機構モデルを定義することができます。
```
    connector MbsCut
      Transformation S "Rotation matrix describing frame A"
                       " with respect to the inertial frame";
      Position3      r0 "Vector from the origin of the inertial"
                       " frame to the origin of frame A";
      flow Force3    f "Resultant cut-force acting at the origin"
                       " of frame A";
      flow Torque3   t "Resultant cut-torque with respect to the"
                       " origin of frame A";
    end MbsCut;
```
重量や慣性を無視した理想的なリンクのモデルは、以下のように記述できます。
```
    model Bar "Massless bar with two mechanical cuts."
      MbsCut a b;
      parameter Position3 r = {0, 0, 0}
        "Position vector from the origin of cut-frame A"
        " to the origin of cut-frame B";
    equation
      // Kinematic relationships of cut-frame A and B
      b.S = a.S;
      b.r0 = a.r0 + a.S*r;
      // Relations between the forces and torques acting at
      // cut-frame A and B
      zeros(3) = a.f + b.f;
      zeros(3) = a.t + b.t - cross(r, a.f);
      // The function cross defines the cross product
      // of two vectors
    end Bar;
```
配列（ベクトル）や行列に対しては、MathematicaやMatlabと同じような演算をすることができます。スカラー、ベクトル、2次元行列に対して、+, -, *, / の演算子を使えます。除算 (/) は、スカラーでの割り算に対してのみ有効です。配列要素は、

　　　{expr1, expr2, ... exprn}、

行列要素は、

　　　[expr$_{11}$, expr$_{12}$, ... expr$_{1n}$;

3.6　行列 (Matrices) と配列 (Arrays)

```
expr₂₁, expr₂₂, ... expr₂ₙ;
...
exprₘ₁, exprₘ₂, ... exprₘₙ]
```
のように記述します。要素のインデックスは 1 から始まり、i 番目の要素は、A[i] のように記述します。また、A[i1:i2, j1:j2] のように、要素のインデックスの区間を切り出し、サブ要素配列や行列を作ることもできます。配列・行列に対しては、表 3-4 に示すような組込関数が用意されています。

表 3-4　主な配列・行列に対する組込関数

関　　数	説　　明
ndims(A)	行列 A の次元数
size(A,i)	行列 A の i 番目の要素の次数 (0 < i <= ndims(A))
size(A)	各要素の次数の長さ ndims(A) のベクトル
min(A)	行列 A の全要素の最小値を返す
max(A)	行列 A の全要素の最大値を返す
sum(A)	行列 A の全要素の総和 A[1,...,1]-A[2,...,1]+....+A[end,...,1] +A[end,....end]
product(A)	行列 A の全要素の積 A[1,...,1]*A[2,...,1]*....*A[end,...,1] *A[end,...,end]
identity(n)	次数が n x n の単位行列を作成
diagonal(v)	対角要素がベクトル v の対角行列を作成
zeros(n1,n2,n3,...)	次数が n1 x n2 x n3 x ... のゼロ行列を作成
ones(n1,n2,n3,...)	次数が n1 x n2 x n3 x ... の要素が 1 の行列を作成
fill(s,n1,n2,n3,...)	次数が n1 x n2 x n3 x ... の要素が s の行列を作成
transpose(A)	行列 A の転置行列
outerProduct(v1,v2)	ベクトル v1 と v2 の外積
symmetric(A)	行列 A の対称行列
cross(x,y)	3 次元ベクトル x と y の外積
skew(x)	3 次元ベクトル x の 3 x 3 歪対称行列

3.7　ブロック（block）

データの流れの入力（input）と出力（output）を明示的に定義された特殊なクラスとしてブロック（block）があります。ブロックは、ブロック線図の形で制御系のモデルを作る時などに使います。ブロックの代表的なものとして、状態空間モデルを以下に示します。

```
block StateSpace
  parameter Real A[:, :],
                 B[size(A, 1), :],
                 C[:, size(A, 2)],
                 D[size(C, 1), size(B, 2)]=zeros(size(C, 1),
                    size(B, 2));
  input Real u[size(B, 2)];
  output Real y[size(C, 1)];
protected
  Real x[size(A, 2)];
equation
  der(x) = A*x + B*u;
  y = C*x + D*u;
end StateSpace;


block TestStateSpace
  StateSpace S(A = [0.12, 2; 3, 1.5], B = [2, 7; 3, 1], C = [0.1, 2]);
  equation
    S.u = {time, Modelica.Math.sin(time)};
end TestStateSpace;
```

上の状態空間モデルのクラス StateSpace は、A, B, C, D 行列が parameter 指定されているため、シミュレーション中にこれらの係数行列は固定の時不変型のモデルとなっています。これに対し、行列変数 A, B, C, D の parameter 指定を取ったモデルクラスを定義すると、シミュレーション中にこれらの値を変更可能な時変型の状態空間モデルを作ることができます。

```
block StateSpace_Variable
  Real A[:, size(A, 1)];
  Real B[size(A, 1), :];
  Real C[:, size(A, 1)];
  Real D[size(C, 1), size(B, 2)]=zeros(size(C, 1), size(B, 2)) ;
  input Real u[size(B, 2)];
  output Real y[size(C, 1)];
protected
  Real x[size(A, 2)];
equation
```

```
    der(x) = A*x + B*u;
    y = C*x + D*u;
end StateSpace_Variable;
```

3.8 繰り返し、アルゴリズム、関数

3.8.1. for 文

下記の多項式のような式を記述するとき、for 文を使用することができます。

$$y = \sum_{i=0}^{n} c_i x^i$$

係数 c_i を並べたベクトル

$$a = \begin{bmatrix} c_0, c_1, c_2, \cdots, c_n \end{bmatrix}^t$$

と、x のべき乗を並べたベクトル

$$\text{xpowers} = \begin{bmatrix} 1, x, x^2, \cdots, x^n \end{bmatrix}$$

を使うと、

$$y = a \cdot \text{xpowers}$$

と書き表せますが、これを Modelica で標記すると、ベクトル演算を使って、

```
xpowers[1] = 1;
xpowers[2:n+1] = xpowers[1:n]*x;
y = a * xpowers;
```

のように書くことができます。一方、for 文を使うと、より直感的に分かり易く書けます。

```
block PolynomialEvaluator
  parameter Real a[:];
  input Real x;
  output Real y;
protected
  parameter Integer n = size(a, 1)-1;
  Real xpowers[n+1];
equation
  xpowers[1] = 1;
  for i in 1:n loop
```

```
      xpowers[i+1] = xpowers[i]*x;
    end for;
    y = a * xpowers;
  end PolynomialEvaluator;
```

上記のブロックモデルは、例えば、以下のように使うことができます。

```
  PolynomialEvaluator polyeval(a={1, 2, 3, 4});
  Real p;
equation
  polyeval.x = time;
  p = polyeval.y;
```

また、下記のような使い方も可能です。

```
  PolynomialEvaluator polyeval(a={1, 2, 3, 4}, x=time, y=p);
```

for 文は、方程式定義だけでなく、コネクション定義にも使うことができます。

```
  Component components[n];
equation
  for i in 1:n-1 loop
    connect(components[i].Outlet, components[i+1].Inlet);
  end for;
```

■ 3.8.2. アルゴリズム（algorithm）セクション

Modelica の基本的な式の記述法は方程式です。これは、変数の入出力を陽に意識した式を書く必要がないため、非常にフレキシブルな方法です。一方、デジタル制御器のように、シーケンシャルなアルゴリズムを書けるほうが使いやすい場合もあります。このような場合、アルゴリズム（algorithm）セクションを使い、代入式で記述することができます。方程式での等号（=）の代わりに、代入式では代入記号（:=）を使います。代入式では、左辺が必ず出力であり、右辺が必ず入力となります。また、アルゴリズムセクション中の書かれた順番に実行されます。

先ほどの多項式を、algorithm を使って書いてみましょう。

```
  algorithm
    y := 0;
    xpower := 1;
    for i in 1:size(a,1) loop
      y := y + a[i]*xpower;
      xpower := xpower*x;
    end for;
```

また、アルゴリズムセクションの中では、for 文のほか、条件分岐 (if-then-else 文) (3.9 節参照) や、while 文が使えます。

```
while condition loop
  { algorithm }
end while;
```

上の多項式の計算を while 文で書くと、以下のようになります。

```
algorithm
  y := 0;
  xpower := 1;
  while i <= size(a, 1) loop
    y := y + a[i]*xpower;
    xpower := xpower*x;
    i := i+1;
  end while;
```

3.8.1 節の例では、式が方程式であるのに対し、上の例では、式が代入式であることに注意してください。アルゴリズムセクションの中では、メモリ（前回の呼出しの時の変数の値の保持）は使えません。これは、連続系では微分方程式、離散系では差分方程式で表される動的なシステムの方程式を扱えないことを意味します。従って、アルゴリズムセクションの中では、der 演算子や pre 演算子は使えません。すべての左辺に現れる変数は、呼出しのたびに零に初期化されます。

なお、方程式 (equation) セクションの中にアルゴリズムセクションが現れる場合、アルゴリズムセクションの式は、その記述された順番に応じて入出力の因果関係が与えられ、そのアルゴリズムセクションの代入式を一塊の入出力式として、全体モデルの中での計算因果関係解析が行われます。

■ 3.8.3. 関数（function）

計算の因果関係で入力変数（input）と出力変数（output）が明示されており、メモリを使わない、つまり、微分方程式（der 演算子を含む）や差分方程式（pre 演算子を含む）を用いない特別なクラスは、関数（function）として定義できます。3.8.1 節で述べた多項式ブロックは、関数としても記述することができます。

```
function PolynomialEvaluator2
  input Real a[:];
  input Real x;
  output Real y;
protected
  Real xpower;
algorithm
```

```
      y := 0;
      xpower := 1;
      for i in 1:size(a, 1) loop
        y := y + a[i]*xpower;
        xpower := xpower*x;
      end for;
    end PolynomialEvaluator2;
```

3.8.1 節で述べた多項式ブロックを使ったオブジェクトを作成する操作

```
    PolynomialEvaluator polyeval(a={1, 2, 3, 4}, x=time, y=p);
```
の代わりに、関数として呼び出すことができます。
```
    p = PolynomialEvaluator2(a={1, 2, 3, 4}, x=time);
```
関数呼び出しでは、入力引数を定義の順番通りに与えることもできます。
```
    p = PolynomialEvaluator2({1, 2, 3, 4}, time);
```

関数では、複数の入力変数と、複数の出力変数を持つことができます。
```
    function Circle
        input Real angle;
        input Real radius;
        output Real x;
        output Real y;
    algorithm
        x = radius*Modelica.Math.cos(phi);
        y = radius*Modelica.Math.sin(phi);
    end Circle;
```
このような関数は、以下のようにして呼び出します。
```
    (x,y) = Circle(1.2, 2);
```
入力変数は、関数名の後に、input 宣言順にリストとして並べられ、出力変数も、output 宣言順に式の左辺にリストとして並べられます。

■ 3.8.4. 外部関数 (external function)

Modelica 言語の定義の外部で、例えば C 言語などによって記述された外部関数を呼び出すことも可能です。この場合、キーワード external を付けて、外部関数を呼び出します。external と外部関数名の間に、言語の識別子として、"builtin"（Modelicaの組込関数）、または、"C"、または、"FORTRAN 77" を指定します。

```
package Modelica
  package Math
    function sin
      input Real x;
      output Real y;
      external "builtin" y=sin(x);
    end sin;
  end Math;
end Modelica;

model UserModel
  parameter Real p=Modelica.Math.sin(2);
end UserModel;
```

外部関数を呼び出すときの引数の指定は、以下の方法によります。単純型のスカラーの出力変数がある場合、結果はその型のプロトタイプ（返値のデータ型）を持つ外部関数の結果として返されます。それ以外の場合は、void 型（返値がない関数を表す）の外部関数の引数としてやり取りされます。行列の引数の場合、そのサイズも一緒に引数として引渡しします。例として、次の関数を考えます。

```
function BilinearSampling
  "Slicot function for Discrete-time <--> continuous-time
    systems conversion by a bilinear transformation."
  input Real alpha=1, beta=1;
  input Real A[:, size(A, 1)], B[size(A, 1), :],
             C[:, size(A, 1)], D[size(C, 1), size(B, 2)];
  input Boolean isContinuous = true;
  output Real Ares[size(A, 1), size(A, 2)]=A, // Ares is in-out
              Bres[size(B, 1), size(B, 2)]=B,
              Cres[size(C, 1), size(C, 2)]=C,
              Dres[size(D, 1), size(D, 2)]=D;
  output Integer info;
protected
  Integer iwork[size(A, 1)]; // Work arrays
  Real dwork[size(A, 1)];
  String c2dstring=if isContinuous then "C" else "D";
external "C" ab04md(c2dstring,size(A,1),size(B,2),size(C,1),
```

```
            alpha,beta,Ares,size(Ares,1),Bres,size(Bres,1),
            Cres,size(Cres,1),Dres,size(Dres,1),
            iwork,dwork,size(dwork,1),info);
    end BilinearSampling;
```

この関数に対応するC言語の外部関数に、以下のプロトタイプを持つ必要があります。
```
    void ab04md(const char *, size_t, size_t, size_t, double, double,
                double *, size_t, double *, size_t, double *, size_t,
                double *, size_t, int *, double *, size_t, int *);
```

Modelica でのこの関数の使い方は、以下のようになります。
```
    parameter Real alpha=1, beta=1;
    parameter Real A[:,:] = [0, 1; 2, 4], B[:,:]=...;
               Real Ares[size(A, 1), size(A, 2)], Bres ...;
    equation
    (Ares,Bres,Cres,Dres,info) = BilinearSampling(alpha,beta,A,B,C,D,true);
```

3.9　連続系と離散系のハイブリッドモデル

Modelicaでは、連続系と離散系のハイブリッドモデルを扱うことができます。離散系システムの記述は、イベント発生とそれに同期したデータフローのハンドリングにより行われます。

3.9.1. `if-then-else` 構文

`if-then-else` 構文により、不連続なシステムを記述できます。例えば、リミッタ要素は以下のように書けます。
```
    y = if u > HighLimit then HighLimit
        else if u < LowLimit then LowLimit else u;
```
ここで、上記の式は代入式ではなく、方程式であることに注意してください。これは、u > HighLimit の条件が成り立つ場合は y = HighLimit という方程式を採用し、u < LowLimit の条件が成り立つ場合は y = LowLimit という方程式を採用し、そのいずれでもない場合、y = u という方程式を採用するという意味です。yに関する方程式は、それぞれの条件が成り立つ状態に応じて、全体システムの中でどう解かれるかが決まります。また、全体システムの中に微分方程式が存在する場合、その数値積分は、状態切り替えが起こる瞬間で切り替えられることになります。従って、状態切り替えのタイミングの正確な検出が必要になります。通常、これらのタイミングの検出や数値積分の切り替えは、Modelica の処理系で自動的に処理されます。

もっと複雑な場合として、方程式そのものを切り替えることもできます。
```
zeros(3) = if cond_A then
  { expression_A1l - expression_A1r,
    expression_A2l - expression_A2r }
else if cond_B then
  { expression_B1l - expression_B1r,
    expression_B2l - expression_B2r }
else
  { expression_C1l - expression_C1r,
    expression_C2l - expression_C2r };
```
すべての状態において、ベクトルの次数は等しくなければなりません。また、状態ごとの方程式の数は等しくなければなりません。

■ 3.9.2. 状態切り替えを含むモデル

状態によって違うサブモデルを使うこともできます。以下の例は、状態によって使うコントローラを変える場合のモデル例です。
```
block Controller
  input Boolean simple=true;
  input Real e;
  output Real y;
protected
  Controller1 c1(u=e, enable=simple);
  Controller2 c2(u=e, enable=not simple);
equation
  y = if simple then c1.y else c2.y;
end Controller;
```
属性 enable は、そのモデルをアクティブにするかどうかを指定する Boolean 型の組み込み変数で、デフォルト値は enable=true です。もし、enable=false の場合、そのモデルは実行されず、モデルで使用されるすべての変数は変更されません。また、サブモデルを含む場合、すべてのサブモデルは実行されません。一方、属性 reset を true にすると、すべての変数を初期状態に戻すことができます。reset 属性は、すべてのサブコンポーネントにも適用されます。上述のコントローラモデルは、Boolean 型変数 simple がシミュレーション中に値が変更できることを考えると、以下のように一般化できます。
```
block Controller
  input Boolean simple=true;
```

```
    input Real e
    output Real y
protected
    Controller1 c1(u=e, enable=simple, reset=true);
    Controller2 c2(u=e, enable=not simple, reset=true);
equation
    y = if simple then c1.y else c2.y;
end Controller;
```

■ 3.9.3. 離散イベントと離散時間システムモデル

不連続性を伴う離散的な状態変化をイベントといいます。イベントが起こった時のシステムの挙動を表わすには、when 構文を使います。

```
when condition then
    equations
end when;
```

条件 (condition) が真になった瞬間に、イベントが発生し、方程式部 (equations) が有効になります。条件には Boolean 型のスカラーまたはベクトルを使うことができます。条件ベクトルを使う場合、ベクトル要素の一つでも真になったらイベントが発生します。また、条件と方程式を複数組持つこともできます。この場合、下記の構文を使います。

```
when condition_1 then
{ equations_1 ";" }
{ elsewhen condition_2 then
{ equations_2 ";" } }
end when ";"
```

この場合、それぞれの方程式部で定義される方程式は、同じ数であることが必要です。

また、when 構文はネストすることはできません。以下の用法は間違いです。

```
when x > 2 then
    when y1 > 3 then
        y2 = Modelica.Math.sin(x);
    end when;
end when;
```

また、when 構文を使って、同時に複数の状態が成り立ち得るようなモデルも間違いになります。

```
when condition1 then
    close = true;
end when;
```

```
    when condition2 then
      close = false;
    end when;
```
ここで、方程式部で定義される方程式は代入式ではありませんので、注意してください。(書かれた順番に実行されるわけではありません。)
```
  equation
    when x > 2 then
      y3 = 2*x +y1+y2; // Order of y1 and y3 equations does not matter
      y1 = Modelica.Math.sin(x);
    end when;
    y2 = Modelica.Math.sin(y1);
```

シミュレーションの開始時と終了時に特別なイベントを発生させて、何らかのアクションをさせることができます。組み込み関数 initial() と terminal() を使って、これらのイベントを検知できます。また、特別なオペレータ reinit(state, value) を使って、イベントが発生した時に、連続系の状態変数 state を値 value に再初期化できます。

when 節の中では、イベントが発生する直前の連続系変数の値を表わす pre() 演算子を使うことができます。これにより、離散サンプル系のシステムを記述することができます。サンプルイベントは、組み込み関数 sample(Start, Interval) を使って発生させます。sample(Start, Interval) は、時間 time が time = Start + n * Interval (n>=0) の瞬間のみ真になる Boolean 型の関数です。
```
  block DiscreteStateSpace
    parameter Real a, b, c, d;
    parameter Real Period=1;
    input Real u;
    discrete output Real y;
  protected
    discrete Real x;

  equation
    when sample(0, Period) then
      x = a*pre(x) + b*u;
      y = c*pre(x) + d*u;
    end when;
  end DiscreteStateSpace;
```

キーワードdiscreteは、変数が離散系の状態変数であることを宣言しています。離散系状態変数は、イベント発生時のみ値が変化し、それ以外では直前の値を保持する変数です。Boolean型、Integer型、String型の変数は、常に離散系状態変数です。

非周期的なサンプリング時間を持つ離散系システムを記述することもできます。この場合、サンプル周期は、モデル自身の中で定義され、離散系状態変数として記憶されなければなりません。上記の離散系システムと同じ作用をするモデルは下記のように書くことができます。

```
block DiscreteStateSpace2
  parameter Real a, b, c, d;
  parameter Real Period=1;
  input Real u;
  discrete output Real y;
protected
  discrete Real x, NextSampling(start=0);

equation
  when time >= pre(NextSampling) then
    x = a*pre(x) + b*u;
    y = c*pre(x) + d*u;
    NextSampling = time + Period;
  end when;
end DiscreteStateSpace2;
```

組み込み関数edge(v)は、

```
edge(v) = v and not pre(v)
```

と同じ意味を持ち、vの値が変化した瞬間のみ真となります。この関数を使うと、

```
when condition then
  v2 = f1(..);
  v3 = f2(..);
end when
```

は、下記の定義と等価です。

```
  Boolean b(start = <condition using start values>);
equation
  b = condition;
  v2 = if edge(b) then f1(..) else pre(v2);
  v3 = if edge(b) then f2(..) else pre(v3);
```

when 節の中で使われる方程式は、左辺が一つの変数であるものに限定されます。これは、when 節の方程式は、条件が真のときのみ評価され、それ以外では変数を計算することができないためです。一般的な方程式では、どの変数が未知変数として計算されるか、方程式が書かれた時点では分からないため、条件が真でないときの変数が計算可能かどうかに注意する必要があります。例えば、下記の例

```
Real x, y;
equation
    x + y = 5;
    when condition then
        2*x + y = 7; // error: not valid Modelica
    end when;
```

は、condition が真でないとき、x と y を同時に計算することはできないので間違いです。この例は、以下のように書き直す必要があります。

```
Real x,y;
equation
    x + y = 5;
    when condition then
        y = 7 - 2*x; // fine
    end when;
```

上の書き方の場合、condition が真になった瞬間に x と y は二つの方程式の連立方程式で解かれ、それ以外の場合は、x が直前の y の値を使って、一つ目の方程式で解かれることになります。

実行の優先順序を指定した when 節を記述したい場合、algorithm セクションの中で when 構文を使うことで実現できます。

```
Boolean open;
algorithm
    when h1 < hmax then
        open := true;
    elsewhen pushbutton then
        open := false;
    end when;
```

ここで、条件 h1 < hmax は、条件 pushbutton よりも高い優先順位を持ちます。これは二つの条件が同時に真になった場合、有効です。上の定義は、下記の定義と等価です。

```
Boolean open(start = false);
Boolean b1 (start = h1.start < hmax);
Boolean b2 (start = pushbutton.start);
```

```
    algorithm
      open := pre(open);
      b1 := h1 < hmax;
      b2 := pusbutton;
      if edge(b1) then
        open := true;
      elseif edge(b2) then
        open := false;
      end if;
```

when節の条件がベクトルの場合、その要素が一つでも真であればイベントが発生することを前に述べました。以下の構文の違いには気を付ける必要があります。

```
    model vectorwhen
      parameter Real A=1.5, w=6;
      Real u1, u2;
      Boolean b1, b2;
    equation
      u1 = A*Modelica.Math.sin(w*time);
      u2 = A*Modelica.Math.cos(w*time);
      when u1 > 0 or u2 > 0 then
        b1 = not pre(b1);
      end when;
      when {u1 > 0, u2 > 0} then  // vector condition
        b2 = not pre(b2);
      end when;
    end vectorwhen;
```

これは、以下の構文と同じ意味を持ちます。

```
      b1 = if edge(u1 > 0 or u2 > 0)           then not pre(b1) else pre(b1);
      b2 = if edge(u1 > 0) or edge(u2 > 0) then not pre(b2) else pre(b2);
```

■ 3.9.4. noEvent オペレータ

if-then-else構文では条件が真になるたびにイベントが発生し、連続系変数の数値積分計算が再初期化されます。精度の高いシミュレーションを行うために正確なタイミングでイベントを検出し、連続系変数を再初期化するために、Modelica処理系では、イベントの発生タイミング近辺では、数値積分の刻み幅をどんどん小さくして、イベントのタイミングを正確に検出しようとします。このため、イ

ベント前後では計算時間が長くかかる傾向があります。イベント前後で、連続系状態変数の値が不連続に変わらないのであれば、この処理は効率的ではありません。この問題に対応するため、if-then-else 構文でイベントを発生させずに条件判定のみ行う方法があります。それは、条件の前に noEvent() オペレータをつけることです。

  y = **if noEvent**(u > HighLimit) **then** HighLimit
  else if noEvent(u < LowLimit) **then** LowLimit **else** u;

noEvent() オペレータは、Real 型の変数の式のみに有効です。Boolean, Integer, String 型変数の式には使えませんので注意してください。

■3.9.5. イベントの同期と伝搬

 イベントを他のモデルクラスに伝搬させるには、Boolean 型変数を用います。例えば、LevelSensor というモデルクラスの中で、
  Out.Overflowing = Height > MaxLevel;
という方程式で Overflowing という Boolean 型変数を定義し、PumpController というモデルクラスで、Overflowing 信号を取込み、
  Pumping = In.Overflowing **or** StartPumping;
  DeltaPressure = **if** Pumping **then** DP **else** 0;
などのようにモデル動作を記述します。コネクションを使って
  connect(LevelSensor.Out, PumpController.In);
のように指定すれば、
  LevelSensor.Out.Overflowing = PumpController.In.Overflowing;
というイベント信号の接続が成立します。イベントは連続系変数の切り替え（再初期化など）を伴う場合もあります。イベントの前後で成立するイベントに関する論理型演算と、連続系変数の切り替えに関する方程式を過不足なく定義しておく必要があります。

■3.9.6. 理想ダイオードの記述法

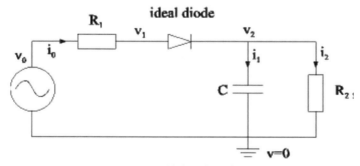

図3-8　整流回路モデル

図3-8に示す整流回路モデルを考えます。ここで使われている理想ダイオードモデルは、図3-9に示す電流・電圧特性を持っています。

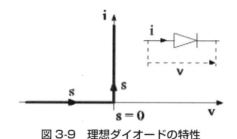

図3-9　理想ダイオードの特性

この理想特性について、電流iを電圧vの関数として（あるいはその逆も）記述することはできません。このような場合、スカラーの中間変数sを使って、パラメトリックな記述をすることができます。

```
model IdealDiode "Ideal electrical diode"
    extends OnePort;
protected
    Real s;
equation
    i = if s < 0 then s else 0;
    v = if s < 0 then 0 else s;
end IdealDiode;
```

■ 3.9.7.　計算因果関係の変更を伴う状態の切り替え

次の例（壊れる振り子）のモデルでは、振り子が壊れていない時は2自由度ですが、振り子が壊れて自由落下する時は1自由度の運動になります。この例では、計算によって解かれるべき変数が、Brokenというイベントによって、(phi, phid)の組から(pos, vel)の組に切り変わることになります。

```
model BreakingPendulum
    parameter Real m=1, g=9.81, L=0.5;
    parameter Boolean Broken;
    input Real u;
    Real pos[2], vel[2];
    constant Real PI=3.141592653589793;
    Real phi(start=PI/4), phid;
equation
```

```
    vel = der(pos);
    if not Broken then
      // Equations of pendulum
      pos = {L* Modelica.Math.sin(phi), -L* Modelica.Math.cos(phi)};
      phid = der(phi);
      m*L*L*der(phid) + m*g*L* Modelica.Math.sin(phi) = u;
    else;
      // Equations of free flying mass
      m*der(vel) = m*{0, -g};
    end if;
  end BreakingPendulum;
```

このような記述は、シミュレーションを実行する際に計算の因果関係の混乱を導くため、好ましくありません。このような例は、計算の因果関係の切り替えが生じないように記述することができます。

```
  record PendulumData
    parameter Real m, g, L;
  end PendulumData;

  partial model BasePendulum
    PendulumData p;
    input Real u;
    output Real pos[2], vel[2];
  end BasePendulum;

  block Pendulum
    extends BasePendulum;
    constant Real PI=3.141592653589793;
    output Real phi(start=PI/4), phid;
  equation
    phid = der(phi);
    p.m*p.L*p.L*der(phid) + p.m*p.g*p.L* Modelica.Math.sin(phi) = u;
    pos = {p.L* Modelica.Math.sin(phi), -p.L* Modelica.Math.cos(phi)};
    vel = der(pos);
  end Pendulum;

  block BrokenPendulum
```

```
    extends BasePendulum;
  equation
    vel = der(pos);
    p.m*der(vel) = p.m*{0, -p.g};
  end BrokenPendulum;

  model BreakingPendulum2
    extends BasePendulum(p(m=1, g=9.81, L=0.5));
    input Boolean Broken;
  protected
    Pendulum pend (p=p, u=u, enable=not Broken);
    BrokenPendulum bpend(p=p, u=u, enable=Broken);
  equation
    when Broken then
      reinit(bpend.pos, pend.pos);
      reinit(bpend.vel, pend.vel);
    end when;
    pos = if not Broken then pend.pos else bpend.pos;
    vel = if not Broken then pend.vel else bpend.vel;
  end BreakingPendulum2;
```

■ 3.9.8. 時間同期型離散モデルの記述法

Modelica Version 3.3 で拡張された機能として、時間同期型離散モデル（synchronous model）の記述法があります。これは、デジタル制御コントローラなど、一定時間ごとに実行される離散モデルのシミュレーションを効率的に行うためのものです。

下記の例を用いて、最も重要な要素について説明します。

周期的なクロックは、イベントオブジェクトとしてclock(3)のように表されます。clockの引数は、サンプル時間（単位：秒）を表します。クロックに関連づけられた変数（上の例では、yd, xd, ud）は、クロックのイベント発生時にのみ有効となり、値が変更できます。連続系の変数とクロックイベントの中でのみ有効なクロック変数を関連付けたい場合、sample()やhold()オペレータを使って変換しなければなりません。

clock() イベントの中の離散系処理は when clock() 節で記述でき、ひとつ前のサンプル時間でのクロック変数の値は、previous() オペレータで参照できます。

```
    // discrete controller
    E*xd = A*previous(xd) + B*yd;
```

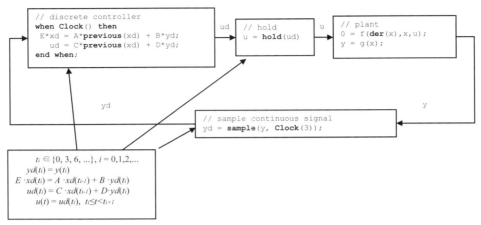

図 3-10　サンプル＆０次ホールド要素で結合された連続系プラントと離散系制御器の例

```
ud = C*previous(xd) + D*yd;
```
previous(xd) は、変数 xd の一回前のサンプリング時間での値を返します。初期状態では、xd の初期値が返されます。

clock オペレータは、サンプル時間を引数とする以外に、数々のクロックイベントの指定法があり、一つのクロックイベントの中にサブクロックイベントを設定することなどもできますが、詳細は、参考文献［6］を参照ください。

3.10　物理場（Physical Fields）の記述法（inner, outer）

モデルを動かす物理環境場（温度や圧力、電磁場など）を記述することが可能です。これまで述べてきた変数やパラメータ宣言を使ってこれらを記述することは可能ですが、場の中に存在するオブジェクトの数が多くなってくると、いちいちそれらの値を記述し、アップデートしていくのは非常に手間がかかります。Modelica では、このような場合に有用な環境パラメータの指定法として、inner と outer の宣言を用いた方法を提供しています。outer で修飾された変数は、その変数がモデルクラスの外部で宣言されたものであることを示し、その変数は、一緒に実行される任意のクラス内で inner 宣言のついた変数定義されている必要があります。以下に、これら二つの要素の使用例を示します。

```
model Component
  outer Real T0; // temperature T0 defined outside of Component
  Real T;
equation
  T = T0;
end Component;
```

```
model Environment
  inner Real T0; // actual environment temperature T0
  Component c1, c2; // c1.T0=c2.T0=T0
  parameter Real a=1;
equation
  T0 = Modelica.Math.sin(a*time);
end Environment;

model SeveralEnvironments
  Environment e1(a=1), e2(a=2)
end SeveralEnvironments
```

シミュレーション実行時には、`outer`で宣言された変数は、使用されているクラスの階層をたどって`inner`で宣言された同じ変数が見つかるまで探索されます。上記の例では、クラス`Component`の中で使用されている実数型変数`T0`は、`Component`クラスを内包する`Environment`クラスの中で`inner`宣言された`T0`の定義式を共有して使うことになります。

`inner`と`outer`は、変数の定義だけでなく、あらゆるクラスの要素にも使うことができます。特に、コネクタに使う場合は有用です。例えば、1次元の熱流を扱うための物理系において、温度と熱流が定義されたコネクタを定義しておき、環境の温度を、その環境の中にあるすべてのオブジェクトと共有したい場合、以下のように記述することができます。

```
connector HeatCut
  Modelica.SIunits.Temp_K T "temperature in [K]";
  flow Modelica.SIunits.HeatFlowRate q "heat flux";
end HeatCut;

model Component
  outer HeatCut environment; // reference to environment
  HeatCut heat; // heat connector of component
  ...
equation
  connect(heat, environment);
  ...
end Component;
```

"`outer HeatCut environment`"で、クラスの外部にある`environment`の`HeatCut`コネクタの定義を参照することを示しています。最終的には、対応する`inner`宣言を含んだクラスと一緒に実

3.10 物理場（Physical Fields）の記述法（inner, outer）

行することで、この外部参照は解決されます。

```
model TwoComponents
    Component Comp[2];
end TwoComponents;

model CircuitBoard
    inner HeatCut environment;
    Component comp1;
    TwoComponents comp2;
end CircuitBoard;
```

上の例では、CircuitBoard モデルの中で定義されたすべてのコンポーネントに対して、その HeatCut コネクタは、environment の HeatCut コネクタとコネクトされているものとして扱われます。

もう一つの例として、異なる種類の重力場の中を飛び回る複数の粒子のモデルを考えます。まず、重力場の定義として、partial な関数を用いて、二つのクラスを定義します。

```
partial function gravityInterface
    input Real r[3] "position";
    output Real g[3] "gravity acceleration";
end gravityInterface;

function uniformGravity
    extends gravityInterface;
algorithm
    g := {0, -9.81, 0};
end uniformGravity;

function pointGravity
    extends gravityInterface;
    parameter Real k=1;
protected
    Real n[3]
algorithm
    n := -r/sqrt(r*r);
    g := k/(r*r) * n;
end pointGravity;
```

「粒子」のモデルとしては、重力場環境を outer 宣言して、以下のように定義します。

```
model Particle
  parameter Real m = 1;
  outer function gravity = gravityInterface;
  Real r[3](start = {1,1,0}) "position";
  Real v[3](start = {0,1,0}) "velocity";
equation
  der(r) = v;
  m*der(v) = m*gravity(r);
end Particle;
```

最後に、それぞれの重力場の中を飛び回る粒子のモデルを、以下のように定義します。

```
model Composite1
  inner function gravity = pointGravity(k=1);
  Particle p1, p2(r(start={1,0,0}));
end Composite1;


model Composite2
  inner function gravity = uniformGravity;
  Particle p1, p2(v(start={0,0.9,0}));
end Composite2;


model system
  Composite1 c1;
  Composite2 c2;
end system;
```

Composite1 モデルの中の粒子モデルに対しては、重力場として pointGravity(k=1) が適用され、Composite2 モデルの中の粒子モデルに対しては、重力場として uniformGravity が適用されることになります。

3.11　ライブラリの構築

■3.11.1.　package 宣言

package 宣言を使って、階層化された Modelica モデルのライブラリを作ることができます。

```
package Modelica
```

```
    package Mechanics
      package Rotational
        model Inertia // Modelica.Mechanics.Rotational.Inertia
          ...
        end Inertia;
        model Torque
          ...
        end Torque;
      end Rotational;
    end Mechanics;
  end Modelica;
```
ライブラリの外部からは、Modelica.Mechanics.Rotational.Inertia のように、モデル名をドット（.）で繋げた名前で、各モデルにアクセスすることができます。

■3.11.2. ライブラリ中でのクラス名の探索

階層化された package（すべての他のクラスでも同様ですが）の中では、ドットで繋げたクラス名の最初の名前が、定義された階層を遡って探索されます。ドット表現の最初のクラス名が見つかった場合、それに続くクラス名は、最初の名前のクラスの下位階層から探索されます。例えば、

```
  package Modelica
    package Blocks
      package Interfaces
        connector InPort
          ...
        end InPort;
      end Interfaces;
    end Blocks;
    package Mechanics
      package Rotational
       package Interfaces
        connector Flange_a
          ...
        end Flange_a;
       end Interfaces
      model Inertia
        Interfaces.Flange_a a1;
```

```
          // Modelica.Blocks.Interfaces.Flange_a
        Modelica.Mechanics.Rotational.Interfaces.Flange_a a2;
      end Inertia;
      model Torque
        Interfaces.Flange_a a;
        Blocks.Interfaces.InPort inPort; // Modelica.Blocks...
        ...
      end Torque;
      ...
    end Rotational;
  end Mechanics;
end Modelica;
```

上の例では、フランジa1とa2は、共に、一つの同じクラス、すなわち、Modelica.Mechanics.Rotational.Interfaces.Flange_aのインスタンスとして参照されています。

■ 3.11.3. encapsulated宣言子とimport宣言子

上記の例のModelica.Mechanics.Rotationalの定義を別の場所に移動させて使おうとすると、エラーになる可能性があります。なぜなら、クラスRotational.Torqueに含まれているBlocks.Interfaces.InPortの宣言は、クラスRotationalの外部にあり、クラスBlocksの探索が失敗するかもしれないからです。このような混乱を回避するため、クラス名に、encapsulated宣言子をつけることにより、外部クラスの探索を下位から上位までそのクラスまで遡った所で打ち切るように指定します。そして、必要な外部クラスはすべてimport宣言で参照することが推奨されます。上記の例では、以下のような構成にすると、混乱が生じません。

```
encapsulated package Modelica
  encapsulated package Blocks
    package Interfaces
      connector InPort
        ...
      end InPort;
    end Interfaces;
    package Continuous
      model Integrator
        Interfaces.InPort inPort;
        ...
      end Integrator;
```

```
        ...
      end Continuous

      package Examples
        encapsulated model Example1
          import Modelica.Blocks;
          Blocks.Integrator int1; // Modelica.Blocks.Integrator
          Modelica.Blocks.Integrator int2; // error, Modelica unknown
          ...
        end Example1;
        ...
      end Examples;
    end Blocks;

    encapsulated package Mechanics
      encapsulated package Rotational
        import Modelica.Blocks.Interfaces;
        model Torque
          Interfaces.InPort inPort; // Modelica.Blocks.Interfaces.InPort
          ...
        end Torque;
        ...
      end Rotational;
    end Mechanics;
  end Modelica;
```

　上記の例は、packageによりライブラリを構築する時のクラス階層の構成法について、一つの示唆を与えています。ここで、Modelica.Blocksパッケージはencapsulated宣言されましたが、"Interfaces"や"Continuous"、"Examples"などのサブパッケージはencapsulated宣言されませんでした。これは、(1) これらのサブパッケージはクラス定義の依存関係が複雑で、Blocksパッケージ内の他のクラスに自由にアクセスできた方が便利である、(2) これらのサブクラス定義を、他のクラスの定義のためにコピーして使用する必要性は低いと考えられるためです。ライブラリのpackage階層をどうするかは、ライブラリ開発者に委ねられますが、後々の再利用性をよく考えた構成にしておくことが望ましいと言えます。

　import宣言には、以下の3通りの書き方があります。

```
import Modelica.Mechanics.Rotational; // access by Rotational.Torque
import R = Modelica.Mechanics.Rotational;// access by R.Torque
import Modelica.Mechanics.Rotational.*; // access by Torque
```

3番目の書き方は便利ですが、不用意に使うことは避ける方が望ましいです。これは、MSLのアップデートにより Modelica.Mechanics.Rotational に新たなクラス定義が追加された場合、ユーザが使っていたクラス名とバッティングする可能性があるからです。従って、3番目の書き方は、下記の例のように、基本的な定数や数学関数にアクセスする場合に限定するのが望ましいと考えられます。

```
model SineVoltageSource
    import Modelica.Constants.*; // to access Modelica.Constants.pi
    import Modelica.Math.*; // to access Modelica.Math.sin
    extends Modelica.Electrical.Analog.Interfaces.OnePort;
    parameter Real A=220 "amplitude";
    parameter Real f=50 "frequency";
equation
    v = A*sin(2*pi*f*time);
end SineVoltageSource;
```

■ 3.11.4. ライブラリのファイルシステムの命名法

Modelica 処理系では、クラス定義はファイルから読み込まれます。ライブラリのファイル構成については、以下の二つの方法があります。なお、Modelica モデルファイルの拡張子は、".mo" です。

1) ライブラリに含まれるすべてのクラスを一つのファイルに定義する。

```
file : Modelica.mo
content:
  encapsulated package Modelica
    encapsulated package Blocks
      ...
    end Blocks;
    ...
  end Modelica;

file : robot.mo
content:
  model robot
    ...
```

3.11 ライブラリの構築

```
    end robot;
```

2）各クラスは、階層に準じたディレクトリ構成とファイルに格納される。

　ディレクトリ名は、パッケージ名と同じにします。また、各ディレクトリには、パッケージ構成について記述した package.mo をおきます。各クラスのファイル名は、クラス名に".mo"をつけたものとします。各サブフォルダの package.mo の最初には、上位階層のクラス名を記した"within（上記クラス名）"の記述を行います。

```
        directory: .../library
          /Modelica
            package.mo
            /Blocks
              package.mo
              Continuous.mo
              Interfaces.mo
              /Examples
                package.mo
                Example1.mo
            /Mechanics
              package.mo
              Rotational.mo

    file : .../library/Modelica/Blocks/Examples/package.mo:
    content:
      within Modelica.Blocks;
      package Examples "examples of package Modelica.Blocks";
      end Examples;

    file : .../library/Modelica/Mechanics/Rotational.mo
    content:
     within Modelica.Mechanics;
     encapsulated package Rotational //Modelica.Mechanics.Rotational
       package Interfaces
         connector Flange_a;
         ...
         end Flange_a;
```

```
        ...
      end Interfaces;
      model Inertia
        ...
      end Inertia;
    end Rotational;
```

いずれの場合でも、Modelica 処理系は、環境変数 MODELICAPATH で指定されたディレクトリからライブラリのファイルを探しに行きます。

3.12　グラフィックスとドキュメント化のための補助記述（annotations）

グラフィカルエディタでモデルを書くために、Modelica では
- グラフィックスのタイプ、位置、大きさ
- アイコンと表示座標系
- コネクションを表す線のルート、色、線種

を記述するための annotation 宣言子があります。例えば、電気抵抗器 Resistor のモデルは以下のように記述されます。

```
model Resistor
  Pin p annotation (extent=[-110, -10; -90, 10]);
  Pin n annotation (extent=[ 110, -10; 90, 10]);
  parameter R "Resistance in [Ohm]";
equation
  R*p.i = p.v - n.v;
  n.i = p.i;
public
  annotation (Icon(
    Rectangle(extent=[-70, -30; 70, 30], style(fillPattern=1)),
    Text(extent=[-100, 55; 100, 110], string="%name=%R"),
    Line(points=[-90, 0; -70, 0]),
    Line(points=[70, 0; 90, 0])
    ));
end Resistor;
```

通常は、グラフィカルエディタでモデルを作成すると、annotation 記述は自動的に追加されます。その他、モデルの概要や使用法、履歴などの情報を annotation のドキュメンテーション情報とし

て記録しておくことができます。ドキュメンテーションは平文のテキストかHTML形式で記録できます。

```
annotation (Documentation(
  key1 = "Text string",
  key2 = "Text string"
  ));
```

```
annotation ( Documentation( info = "
<HTML>
<p>
Package <b>Modelica</b> is a <b>standardized</b> and
<b>pre-defined</b> package that is developed together
with the Modelica language from the Modelica Association, see
<a href=\"http://www.Modelica.org\">http://www.Modelica.org</a>.
It is also called <b>Modelica Standard Library</b>.
It provides constants, types, connectors, partial models and model
components in various disciplines.</p>
...
<HTML>" ) );
```

3.13　Modelicaの活用による逆モデルの自動設計

　今まで説明してきたように、Modelicaは方程式ベースでモデルを解きます。この特徴を活用して、あるモデルで計算したい物理量を逆にした、いわゆる「逆モデル」を解くこともできます。一例として、図3-11に示す1次元の並進機械系のモデル（順モデル）を考えます。ここでは、マス（SlidingMass2）が固定端との間にスプリング（Spring2）を介して繋がれています。このモデルでは、マスの一端に正弦波状の力（Force2）を与えています。そして、マスの速度をセンサ（speedSensor1）で計測しています。従って、このモデルの計算上の物理入力はマスに作用する力、出力はマスの速度となっています。このモデルの計算結果を図3-12に示します。

　ここで、このモデルの逆モデルを考えます。すなわち、所望のマスの速度を入力として与え、それを実現するためにマスに作用させるべき力を求める問題です。Modelicaでは、このような逆モデルも簡単に解くことができます。この問題を解くために、図3-11のモデルを一部変更して、図3-13のようなモデルを作ります。ここで、マスの速度を計算上の入力とし、作用力を出力とするために、図3-13に示す特殊なブロックを使用します。このブロックの内部定義を図3-14に示します。

```
block InverseBlockConstraints
  Modelica.Blocks.Interfaces.RealInput u1
```

```
    "Input signal 1 (u1 = u2)"
  Modelica.Blocks.Interfaces.RealInput u2
    "Input signal 2 (u1 = u2)"
  Modelica.Blocks.Interfaces.RealOutput y1
    "Output signal 1 (y1 = y2)"
  Modelica.Blocks.Interfaces.RealOutput y2 "
    Output signal 2 (y1 = y2)"
equation
  u1 = u2;
  y1 = y2;
end InverseBlockConstraints;
```

　一見、無意味なことをやっているように見えますが、このブロックを入れることで、モデル全体を解くときの方程式の計算因果関係の解析（詳細は5章で説明します）の自由度を上げ、逆モデルを解くことを可能としています。

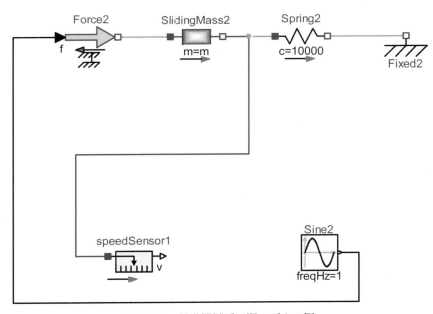

図 3-11　並進機械系の順モデルの例

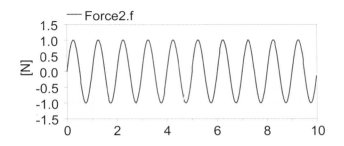

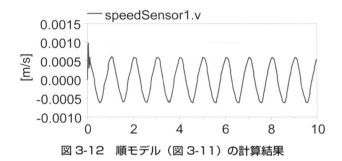

図 3-12　順モデル（図 3-11）の計算結果

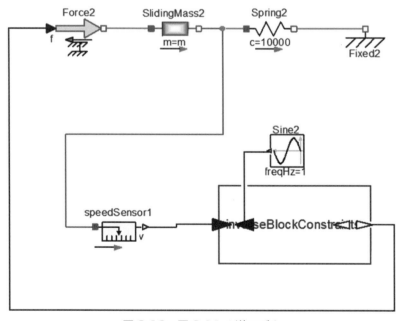

図 3-13　図 3-11 の逆モデル

```
block InverseBlockConstraints
  Modelica.Blocks.Interfaces.RealInput u1
    "Input signal 1 (u1 = u2)"
  Modelica.Blocks.Interfaces.RealInput u2
    "Input signal 2 (u1 = u2)"
  Modelica.Blocks.Interfaces.RealOutput y1
    "Output signal 1 (y1 = y2)"
  Modelica.Blocks.Interfaces.RealOutput y2 "
    Output signal 2 (y1 = y2)"
equation
  u1 = u2;
  y1 = y2;
end InverseBlockConstraints;
```

図 3-14　逆モデル作成のための特殊ブロックとその定義

図 3-13 の逆モデルの計算結果を図 3-15 に示します。マスの速度から作用力が計算できていることが分かります。

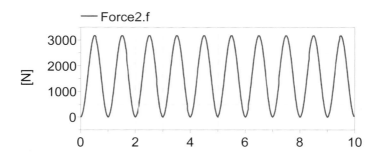

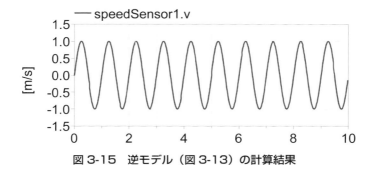

図 3-15　逆モデル（図 3-13）の計算結果

3.13　Modelica の活用による逆モデルの自動設計

逆モデルを生成するための InverseBlockConstraints ブロックは、MSL では、Modelica.Blocks.Math.InverseBlockConstraints としてライブラリ化されています。逆モデルの作成は、フィードフォワード制御器の設計などに、そのまま利用できます。

4. Modelica 標準ライブラリの紹介

本章では、Modelica Assocation が協会の主要プロジェクトの一つとして開発を進めている Modelica Standard Library (MSL) の概要について、紹介します。2017 年 1 月時点での MSL の最新バージョンは、Ver. 3.2.1 となっています。(MSL のバージョンと、Modelica 言語仕様のバージョンの番号は、別々のグループで担当されているため、必ずしも一致しません。)

4.1 Modelica 標準ライブラリの構成

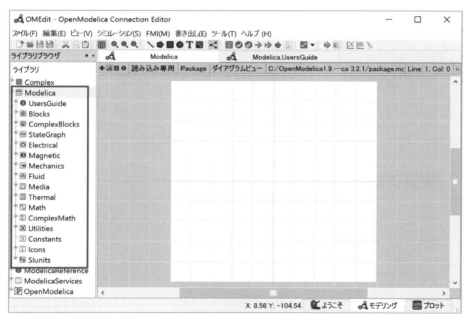

図 4-1 Modelica 標準ライブラリの構成

図 4-1 に、フリーの Modelica 処理系である OpenModelica のグラフィカルエディタ OMEdit を起動したときの様子を示します。Modelica 標準ライブラリ (MSL) は、クラス名 Modelica のライブラリとして定義されており、自動的にロードされます。グラフィカルエディタでは、ライブラリブラウザのウィ

ンドウで、図中の太枠で囲った部分のように見ることができます。MSLの第1階層のパッケージの内容を、表4-1に示します。

表4-1 Modelica標準ライブラリの構成

クラス名	説明
UsersGuide	ユーザガイド
Blocks	基本的な入出力を持つ制御ブロックライブラリ（連続系、離散系、論理演算、テーブルなど）
ComplexBlocks	複素数型の入出力を持つ制御ブロックライブラリ
StateGraph	階層的な状態遷移機械（離散事象システム）ライブラリ
Electrical	電気回路モデルライブラリ（アナログ、デジタル、電気機械、多相電気系）
Magnetic	磁気系モデルライブラリ
Mechanics	1次元および3次元機械系ライブラリ（マルチボデー、回転系、並進系）
Fluid	1次元熱流体モデルライブラリ
Media	熱流体系媒体モデルライブラリ
Thermal	熱伝達系および1次元熱流体パイプモデルのライブラリi
Math	数学関数（sin, cosなど）とベクトル・行列演算ライブラリ
ComplexMath	複素数型の数学関数とベクトル・行列演算ライブラリ
Utilities	ユーティリティ関数ライブラリ（ファイル操作、ストリーム操作、文字列操作、システム操作など）
Constants	数学および物理定数ライブラリ
Icons	アイコン
SIunits	SI単位系（ISO 31-1992）定義ライブラリ

以下の章では、いくつかの代表的なライブラリの説明を、簡単にしていきます。

4.2 制御ブロックライブラリ

制御ブロックライブラリ（Modelica.Blocks）をライブラリブラウザ上で開くと、図4-2のように、Blocks以下の階層が見られます。

制御ブロックライブラリの各サブパッケージの内容は、表4-2のようになっています。

制御ブロックライブラリは、他の物理系のモデルに制御ブロックを付加して、制御を行う時のシステム挙動を計算するのに使えます。一例として、Examplesの中のPID_Controllerを、図4-3に示します。これは、一次元の回転機械系（二つの慣性を持ったシャフトと、その間のばね・ダンパ要素から成ります）のInertia1の角速度を、所望の値に追従させるためのPI制御器の例です。

ここで、PI制御器'PI'を選択して右クリックし、「クラスを開く」操作を選択すると、図4-4のように、'PI'モデルの中身を見ることができます。（なお、PI制御器モデルのインスタンス'PI'の元のクラス名は、Modelica.Blocks.Continuous.LimPIDです。）PID_Controllerモデルを実行すると、図4-5のよ

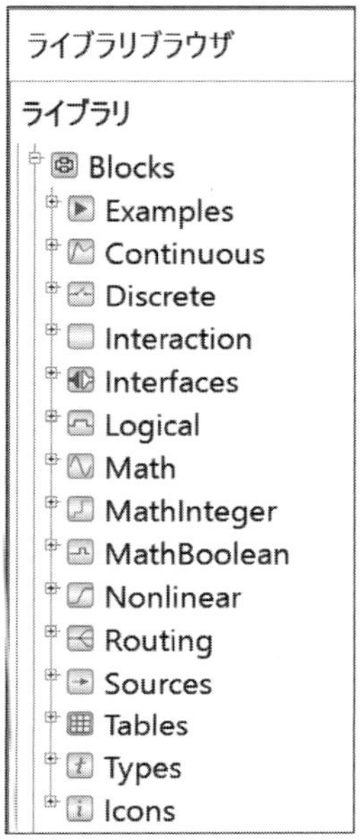

図 4-2 制御ブロックライブラリの構成

表 4-2 制御ブロックライブラリの説明

クラス名	説明
Examples	Blocks パッケージの使用例
Continuous	連続系制御ブロックライブラリ
Discrete	離散系制御ブロックライブラリ
Interaction	変数モニタなどユーザインタラクション用ブロックライブラリ
Interfaces	入出力ブロック用コネクタおよび partial モデルのライブラリ
Logical	論理型入出力ブロックライブラリ
Math	実数型の数学関数ブロックライブラリ
MathInteger	整数型の数学関数ブロックライブラリ
MathBoolean	論理型の数学関数ブロックライブラリ
Nonlinear	非連続または非線形な制御ブロックライブラリ
Routing	信号統合または分岐用ブロックライブラリ
Noise	ノイズブロックライブラリ
Sources	実数型または論理型の信号源ブロックライブラリ
Tables	1次元または2次元テーブル補間ブロックライブラリ
Types	定数または変数型指定（特にメニュー作成のための）ライブラリ
Icons	ブロックのアイコン

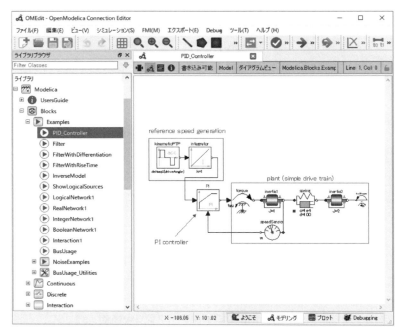

図 4-3　PID_Controller モデル

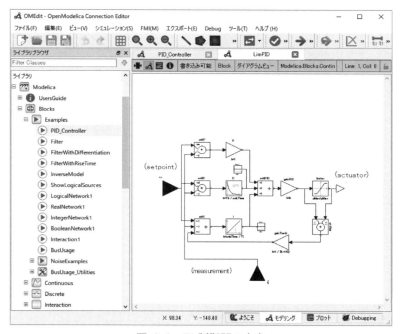

図 4-4　PI 制御器の中身

4.　Modelica 標準ライブラリの紹介

うな結果が得られます。ここで、PI.u_s は、図 4-4 の PI 制御器の目標値（setpoint）入力、PI.u_m は、計測値（measurement）入力です。制御トルクは、（actuator）出力ポートから出力されます。一方、spring.tau は、ばね・ダンパ要素'spring' の、ばね・ダンパ反力トルクを示します。これらの結果のプロットは、図 4-6 のように、Modelica ツールの「プロット」ビューモードで見ることができます。（「プロット」ビューモードは、ツールによっては、「シミュレーション」ビューモードなどともいわれています。）

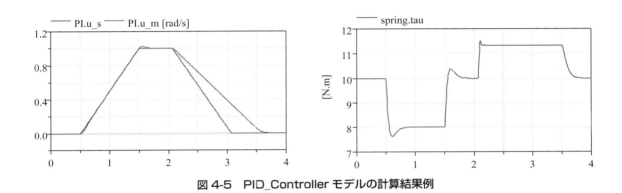

図 4-5　PID_Controller モデルの計算結果例

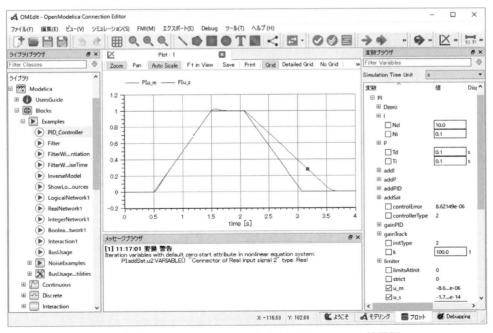

図 4-6　PID_Controller モデルのシミュレーション結果例

4.2　制御ブロックライブラリ　　077

Blocks ライブラリのもう一つの有用な例として、バスコネクタ（ControlBus）の使用例を紹介します。Blocks.Examples.BusUsage として、図 4-7 に示すようなモデルがあります。

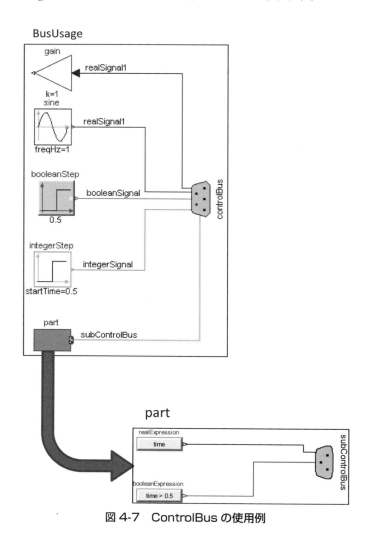

図 4-7 ControlBus の使用例

このモデルの Modelica コードは、以下のようになっています。

```
model BusUsage "Demonstrates the usage of a signal bus"
  extends Modelica.Icons.Example;
public
  Modelica.Blocks.Sources.IntegerStep integerStep(
```

4. Modelica 標準ライブラリの紹介

```
      height=1,
      offset=2,
      startTime=0.5);
   Modelica.Blocks.Sources.BooleanStep booleanStep(startTime=0.5);
   Modelica.Blocks.Sources.Sine sine(freqHz=1);
   Modelica.Blocks.Examples.BusUsage_Utilities.Part part;
   Modelica.Blocks.Math.Gain gain(k=1);
protected
   BusUsage_Utilities.Interfaces.ControlBus controlBus;

equation
   connect(sine.y, controlBus.realSignal1);
   connect(booleanStep.y, controlBus.booleanSignal);
   connect(integerStep.y, controlBus.integerSignal);
   connect(part.subControlBus, controlBus.subControlBus);
   connect(gain.u, controlBus.realSignal1);

end BusUsage;
```

controlBus には、ベクトルを含む任意の信号を繋ぐことができます。また、controlBus 自体を階層化することもできます。上の例では、controlBus の中に、subControlBus というバスが含まれています。controlBus の中のどの信号と、入出力信号を繋ぐかは、Modelica コードや、グラフィカルエディタで指定します。上の例では、controlBus.realSignal1 を通じて、sine.y と gain.u が繋がっていることがわかります。一方、part モデルの中では、以下のコードのように、subControlBus の信号が、realExpression と booleanExpression の出力と繋がれています。

```
   model Part "Component with sub-control bus"
      Interfaces.SubControlBus subControlBus;
      Sources.RealExpression realExpression(y=time);
      Sources.BooleanExpression booleanExpression(y=time > 0.5);
   equation
      connect(realExpression.y, subControlBus.myRealSignal);
      connect(booleanExpression.y, subControlBus.myBooleanSignal);
   end Part;
```

BusUsageモデルを実行すると、図4-8のような結果が得られます。controlBusやsubControl-Busに繋がれた信号が、バス内の信号として再現されていることがわかります。

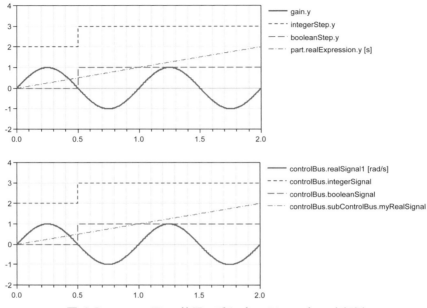

図4-8 controlBus使用モデル（busUsage）の実行例

Blocksライブラリの、その他の、連続系制御ブロック（Continuous）、離散系制御ブロック（Discrete）、数学関数ブロック（Math）、非線形制御ブロック（Nonlinear）の各サブパッケージの内容を、それぞれ、表4-3から表4-6に示します。

表4-3 Blocks.Continous パッケージの構成内容

クラス名	説明
Integrator	積分器ブロック
LimIntegrator	出力制限付き積分器ブロック
Derivative	疑似的な微分器ブロック
FirstOrder	一次遅れ伝達関数ブロック
SecondOrder	二次遅れ伝達関数ブロック
PI	PI制御器ブロック
PID	PID制御器ブロック
LimPID	出力制限、アンチワインドアップ補償、および目標重み付きのP、PI、PD、PID制御器ブロック

4. Modelica標準ライブラリの紹介

TransferFunction	線形伝達関数ブロック
StateSpace	線形状態空間システムブロック
Der	微分要素ブロック
LowpassButterworth	ローパス・バターワースフィルタ
CriticalDamping	N次元のクリティカルダンピングフィルタ
Filter	任意の連続系のIIRフィルタ (low pass, high pass, band pass 又は band stop 特性を持つクリティカルダンピング、ベッセル、バターワース、又はチェビシェフ型フィルタ)

表 4-4　Blokcs.Discrete パッケージの構成内容

クラス名	説　明
Sampler	連続系シグナルの理想的なサンプラ
ZeroOrderHold	サンプル値系のゼロ次ホールド要素
FirstOrderHold	サンプル値系の一次ホールド要素
UnitDelay	単位時間遅れブロック
TransferFunction	離散系の伝達関数ブロック
StateSpace	離散系の状態空間ブロック
TriggeredSampler	連続系信号のトリガードサンプリング
TriggeredMax	トリガー時間での連続系信号の最大値を求める

表 4-5　Blokcs.Math パッケージの構成内容

クラス名	説　明
UnitConversions	SI単位系と非SI単位系の換算計算ブロック
InverseBlockConstraints	逆モデルを構成するための付加ブロック
Gain	ゲインブロック
MatrixGain	行列ゲインブロック
MultiSum	実数入力の重み付き線形和：y = k[1]*u[1] + k[2]*u[2] + ... + k[n]*u[n]
MultiProduct	実数入力の積：y = u[1]*u[2]* ... *u[n]
MultiSwitch	入力切り替えブロック
Sum	入力信号ベクトルの要素の和
Feedback	目標値とフィードバック入力値との差
Add	2入力の和
Add3	3入力の和
Product	2入力の積
Division	1番目の入力の2番目の入力による除算
Abs	入力の絶対値

Sign	入力の符号
Sqrt	入力の平方根（入力 >= 0 でなければならない）
Sin	入力の sine 関数
Cos	入力の cosine 関数
Tan	入力の tangent 関数
Asin	入力の arc sine 関数
Acos	入力の arc cosine 関数
Atan	入力の arc tangent 関数
Atan2	入力 u1 と u2 の atan(u1/u2) を出力
Sinh	入力の hyperbolic sine 関数
Cosh	入力の hyperbolic cosine 関数
Tanh	入力の hyperbolic tangent 関数
Exp	入力の（底 e の）exponential 関数
Log	入力の（底 e の）log 関数（入力 > 0 でなければならない）
Log10	入力の底 10 の log 関数（入力 > 0 でなければならない）
RealToInteger	実数型変数の整数型への変換
IntegerToReal	整数型変数の実数型への変換
BooleanToReal	論理型変数の実数型への変換
BooleanToInteger	論理型変数の整数型への変換
RealToBoolean	実数型変数の論理型への変換
IntegerToBoolean	整数型変数の論理型への変換
RectangularToPolar	直交座標系から極座標系への変換
PolarToRectangular	極座標系から直行座標系への変換
Mean	期間 1/f での平均値
RectifiedMean	期間 1/f での絶対値の平均値
ContinuousMean	期間内での連続値信号入力の平均値
RootMeanSquare	期間 1/f での二乗平方根の平均値
Variance	入力信号の分散
StandardDeviation	入力信号の標準偏差
Harmonic	期間 1/f でのハーモニック平均値
Max	最大の入力信号
Min	最小の入力信号
MinMax	入力ベクトルの最大および最小要素
LinearDependency	二つの入力の重み付き線形和：y = y0*(1 + k1*u1 + k2*u2)
Edge	論理型入力の立ち上がり（edge）検出（論理型出力）
BooleanChange	論理型入力の変化（change）検出（論理型出力）

IntegerChange	整数型入力の変化（change）検出（論理型出力）

表 4-6　Blokcs.Nonlinear パッケージの構成内容

クラス名	説　　　　明
Limiter	出力信号のリミッタ
VariableLimiter	出力信号のリミッタ（最大最小値が変更可能）
SlewRateLimiter	出力の変化率リミッタ
DeadZone	出力の不感帯
FixedDelay	固定の遅れ時間
PadeDelay	固定の遅れ時間の Pade 近似
VariableDelay	可変の遅れ時間

4.3　状態遷移機械ライブラリ

　StateGraph ライブラリは、状態遷移をグラフィカルに表現した離散事象システムのモデル化に使います。複雑な制御ロジックなどを表現することができます。図 4-9 に、StateGraph ライブラリを使ったタンク流量制御システムモデルの例を示します。また、Modelica.StateGraph ライブラリの構成内容を表 4-7 に示します。

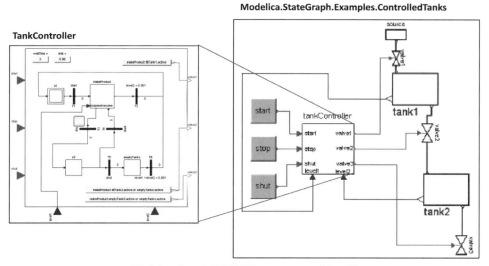

図 4-9　タンク流量制御システムモデルの例

表4-7　Modelica.StateGraph パッケージの構成内容

クラス名	説　　　　明
UsersGuide	StateGraph ライブラリの説明書
Examples	StateGraph ライブラリの例題
Interfaces	コネクタと部分モデル要素
InitialStep	初期状態ステップ
InitialStepWithSignal	初期状態ステップ（状態がアクティブになったとき、論理型出力'active'が真となる）
Step	通常状態ステップ（シミュレーション開始時はアクティブではない）
StepWithSignal	通常状態ステップ（状態がアクティブになったとき、論理型出力'active'が真となる）
Transition	任意の発火条件による状態遷移ブロック
TransitionWithSignal	論理型入力信号の発火による状態遷移ブロック
Alternative	実行パスの並行分岐
Parallel	実行パスの同時並行

4.4　電気系ライブラリ

電気系ライブラリ（Modelica.Electrical）は、アナログ回路、デジタル回路、電動機、電力変換器などもモデルを作るのに役立ちます。また、Spice3と互換の要素モデルも提供しています。

図4-10にライブラリブラウザでElectricalライブラリと、その下のAnalogライブラリを開いた時の様子を示します。Electricalパッケージの内容は、表4-8に示すようになっています。

図4-10　電気系ライブラリのブラウズ例

表 4-8　Modelica.Electrical パッケージの構成内容

クラス名	説明
Analog	アナログ回路系モデルライブラリ
Digital	VHDL 準拠のデジタル回路系モデルライブラリ
Machines	電動機ライブラリ
MultiPhase	一相もしくは多相電気系コンポーネントライブラリ
PowerConverters	電力変換器（レクティファイア、インバータ、DC/DC コンバータなど）
QuasiStationary	一相もしくは多相交流回路の準静的シミュレーション用ライブラリ
Spice3	SPICE3 相当の電子回路ライブラリ

■ 4.4.1.　アナログ回路ライブラリ

アナログ回路ライブラリ（Electrical.Analog）パッケージの構成内容は、表 4-9 の通りです。更に、Analog パッケージのサブパッケージである Basic, Ideal, Semiconductors, Sources の各パッケージの構成内容を、表 4-10 から表 4-13 に示します。

表 4-9　Modelica.Electrical.Analog パッケージの構成内容

クラス名	説明
Examples	アナログ電子回路ライブラリの使用例
Basic	基礎的な電子回路部品
Ideal	スイッチ、ダイオード、変換器、オペアンプなどの理想状態モデル
Interfaces	アナログ電子回路のためのコネクタ、部分モデル要素
Lines	損失のある、もしくは無損失の伝送線路、および LC 分布線路モデル
Semiconductors	ダイオード、MOS、バイポーラトランジスタなどの半導体素子
Sensors	電位、電圧、電流、電力センサ
Sources	電流源、電圧源モデル

表 4-10　Modelica.Electrical.Analog.Basic パッケージの構成内容

クラス名	説明
Ground	接地グランド
Resistor	理想的な線形の電気レジスタ
HeatingResistor	温度依存特性を持つ電気レジスタ
Conductor	理想的な線形の電気コンダクタ
Capacitor	理想的な線形の電気キャパシタ

Inductor	理想的な線形の電気インダクタ
SaturatingInductor	飽和特性を持つ簡易的なインダクタモデル
Transformer	二端子トランスフォーマ
M_Transformer	任意の数のインダクタを持つ一般的なトランスフォーマ
Gyrator	ジャイレータ
EMF	電気動力（電気系と機械系の変換器）
TranslationalEMF	電気動力（電気系と機械系の変換器）
VCV	線形の電圧制御電圧源
VCC	線形の電圧制御電流源
CCV	線形の電流制御電圧源
CCC	線形の電流制御電流源
OpAmp	非線形オペアンプの簡易モデル
OpAmpDetailed	オペアンプの詳細モデル
VariableResistor	理想的な線形の可変レジスタ
VariableConductor	理想的な線形の可変コンダクタ
VariableCapacitor	理想的な線形の可変キャパシタ
VariableInductor	理想的な線形の可変インダクタ
Potentiometer	可変抵抗器（ポテンショメータ）

表 4-11　Modelica.Electrical.Analog.Ideal パッケージの構成内容

クラス名	説　　　明
IdealDiode	理想的なダイオード
IdealThyristor	理想的なサイリスタ
IdealGTOThyristor	理想的な GTO サイリスタ
IdealCommutingSwitch	理想的な選択スイッチ
IdealIntermediateSwitch	理想的な中間スイッチ
ControlledIdealCommutingSwitch	理想的なアナログ制御入力付きの選択スイッチ
ControlledIdealIntermediateSwitch	理想的なアナログ制御入力付きの中間スイッチ
IdealOpAmp	理想的なオペアンプ (norator-nullator pair)
IdealOpAmp3Pin	理想的なオペアンプ (norator-nullator pair)、3 ピンタイプ
IdealOpAmpLimited	電圧制限付きの理想的なオペアンプ
IdealizedOpAmpLimted	制限付きの理想的なオペアンプ
IdealTransformer	理想的な 4 端子変換器
IdealGyrator	理想的なジャイレータ
Idle	理想的な開放（電流 = 0）

クラス名	説明
Short	理想的な短絡（電圧 = 0）
IdealOpeningSwitch	理想的な開放スイッチ
IdealClosingSwitch	理想的な短絡スイッチ
ControlledIdealOpeningSwitch	理想的なアナログ制御入力付きの開放スイッチ
ControlledIdealClosingSwitch	理想的なアナログ制御入力付きの短絡スイッチ
OpenerWithArc	電圧勾配付き開放スイッチ
CloserWithArc	電圧勾配付き短絡スイッチ
ControlledOpenerWithArc	電圧勾配付き開放スイッチ（アナログ制御付き）
ControlledCloserWithArc	電圧勾配付き短絡スイッチ（アナログ制御付き）
IdealTriac	理想的なトライアック
AD_Converter	n ビット AD コンバータ
DA_Converter	DA コンバータ

表 4-12　Modelica.Electrical.Analog.Semiconductors パッケージの構成内容

クラス名	説明
Diode	簡単なダイオード
Diode2	改良されたダイオードモデル
ZDiode	3 状態ツェナーダイオード
PMOS	簡単な PMOS FET
NMOS	簡単な NMOS FET
NPN	簡単な NPN 接合バイポーラトランジスタ
PNP	簡単な PNP 接合バイポーラトランジスタ
HeatingDiode	簡単なダイオード（熱ポート付き）
HeatingNMOS	簡単な NMOS FET（熱ポート付き）
HeatingPMOS	簡単な PMOS FET（熱ポート付き）
HeatingNPN	簡単な NPN 接合バイポーラトランジスタ（熱ポート付き）
HeatingPNP	簡単な PNP 接合バイポーラトランジスタ（熱ポート付き）
Thyristor	簡単なサイリスタ
SimpleTriac	簡単なトライアック

表 4-13　Modelica.Electrical.Analog. Sources パッケージの構成内容

クラス名	説明
SignalVoltage	入力信号による電圧源
ConstantVoltage	一定の電圧源

StepVoltage	ステップ状の電圧源
RampVoltage	ランプ状の電圧源
SineVoltage	sine 関数の電圧源
CosineVoltage	cosine 関数の電圧源
ExpSineVoltage	指数関数で減衰する sin 関数の電圧源
ExponentialsVoltage	指数関数的に立上がり、立下りする電圧源
PulseVoltage	パルス状の電圧源
SawToothVoltage	鋸歯状の電圧源
TrapezoidVoltage	Trapezoidal 関数の電圧源
TableVoltage	テーブル呼び出しによる電圧源
SignalCurrent	入力信号による電流源
ConstantCurrent	一定の電流源
StepCurrent	ステップ状の電流源
RampCurrent	ランプ状の電流源
SineCurrent	sine 関数の電流源
CosineCurrent	cosine 関数の電流源
ExpSineCurrent	指数関数で減衰する sin 関数の電流源
ExponentialsCurrent	指数関数的に立上がり、立下りする流圧源
PulseCurrent	パルス状の電流源
SawToothCurrent	鋸歯状の電流源
TrapezoidCurrent	Trapezoidal 関数の電流源
TableCurrent	テーブル呼び出しによる電流源
SupplyVoltage	電圧サプライ（正および負）

アナログ回路ライブラリを使ったモデルの例のいくつかを、図 4-11 から図 4-14 に示します。これらのモデルは、Electrical.Analog.Examples の中にあります。(説明のカッコ内に、モデル名を示しています。)

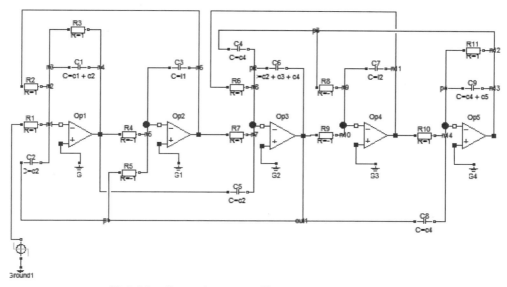

図 4-11　Cauer low pass filter (`CauerLowPassSC`)

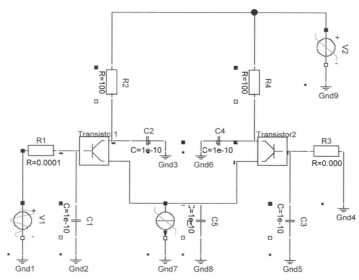

図 4-12　NPN transistor amplifier (`DifferenceAmplifier`)

4.4　電気系ライブラリ（Modelica.Electrical）

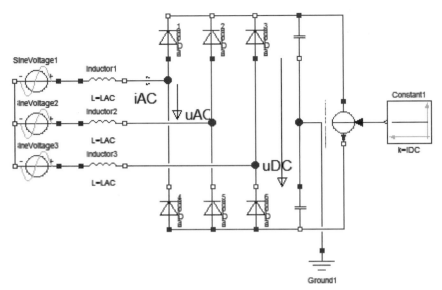

図 4-13　B6 diode bridge rectifier (`Rectifier`)

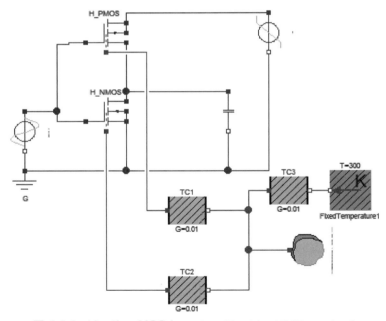

図 4-14　Heating MOS Inverter (`HeatingMOSInverter`)

4.4.2. デジタル回路ライブラリ

デジタル回路ライブラリ（Electrical.Digital）の内部構成を表4-14に示します。

表4-14　Modelica.Electrical.Digitalパッケージの構成内容

クラス名	説明
UsersGuide	ユーザガイド
Examples	デジタル回路モデルライブラリの使用例
Interfaces	デジタル回路のためのコネクタ、部分モデル要素
Tables	デジタル論理回路パッケージのための定数テーブル
Delay	ディレイ回路ブロック
Basic	ディレイなしの論理回路ブロック
Gates	ディレイを含む論理ゲート
Sources	デジタル信号源
Converters	2-, 3-, 4- および9値ロジック間のコンバータ
Registers	Nビット入力および出力を待つレジスタ
Tristates	VHDL準拠の3状態演算気（トランスファーゲート、バッファ、インバータ、ワイアードX）
Memories	メモリ
Multiplexers	マルチプレクサ

デジタル回路ライブラリを使ったモデルの例のいくつかを、図4-15から図4-18に示します。これらのモデルは、Electrical.Digital.Examplesの中にあります。（説明のカッコ内に、それぞれのモデル名を示しています。）

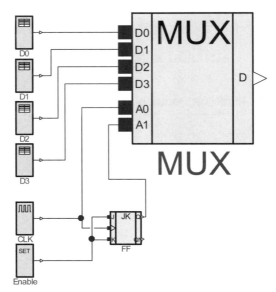

図 4-15　4 to 1 bit multiplexer (Multiplexer)

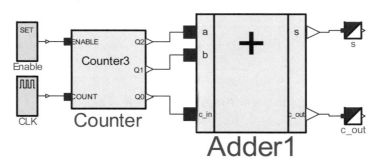

図 4-16　Full 1 bit adder (FullAdder)

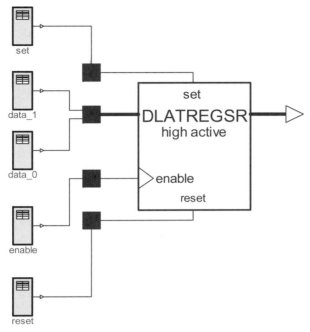

図 4-17 Level sensitive D-register bank (`DLATREGSRH`)

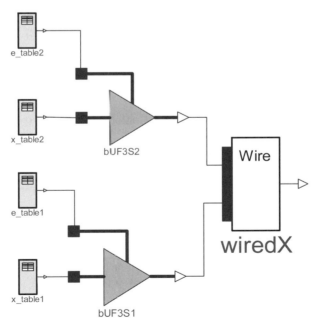

図 4-18 Tristates WiredX (`WiredX`)

■ 4.4.3. 電動機ライブラリ

電動機ライブラリ（Electrical.Machines）は、各種の電動機やその制御回路のモデル化に有用です。電動機ライブラリ（Electrical.Machines）の内部構成は、表 4-15 のようになっています。また、そのサブパッケージである Electrical.Machines.BasicMachines ライブラリの内部構成は、表 4-16 のようになっています。

電動機ライブラリの使用例を、図 4-19（非同期型誘導電動機の Steinmetz 式制御）、図 4-20（同期型誘導電動機の Rectifier 制御）に示します。これらのモデルは、Modelica.Electrical.Machines.Examples パッケージの下にあります。

表 4-15 Modelica.Electrical.Machines パッケージの構成内容

クラス名	説　　　明
UsersGuide	ユーザガイド
Examples	電動機ライブラリの使用例
BasicMachines	基本的な電動機モデル
Sensors	電動機のためのセンサモデル
SpacePhasors	空間フェーザモデル
Losses	電動機の損失モデル
Thermal	熱モデルとの統合のための要素モデル
Interfaces	空間フェーザのコネクタおよび電動機のための部分モデル
Icons	アイコン集
Utilities	テスト用ユーティリティ

表 4-16 Modelica.Electrical.Machines.BasicMachines パッケージの構成内容

クラス名	説　　　明
AsynchronousInductionMachines	非同期誘導機モデル
SynchronousInductionMachines	同期誘導機モデル
DCMachines	直流機モデル
QuasiStationaryDCMachines	準静的な直流機モデル
Transformers	3 相トランスフォーマ
Components	エアギャップなどの電動機要素モデル

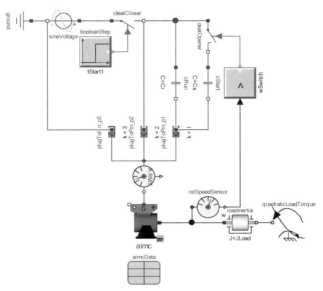

図 4-19 Asynchronous induction machine with squirrel cage
(`AsynchronousInductionMachines.AIMC_Steinmetz`)

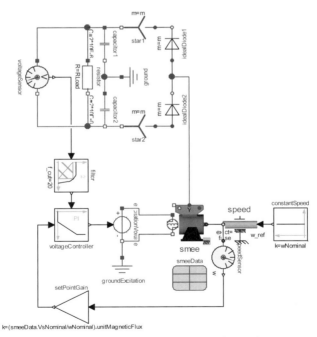

図 4-20 Synchronous induction machine with voltage controller
(`SynchronousInductionMachines.SMEE_Rectifier`)

4.4 電気系ライブラリ（Modelica.Electrical）

■ 4.4.4. 多相電動機ライブラリ

多相電動機ライブラリ（Modelica.Electrical.MultiPhase）は、多相駆動の電動機のためのライブラリです。その構成は、表4-17のようになっています。

表4-17 Modelica.Electrical.MultiPhase パッケージの構成内容

クラス名	説明
UsersGuide	ユーザガイド
Examples	多相電動機ライブラリの使用例
Basic	多相電動機モデルの基本的な要素モデル
Ideal	多相電動機用の理想的な電気回路要素モデル
Blocks	多相電動機システム用ブロックモデル
Functions	多相電動機システム用関数
Sensors	多相電動機システム用センサモデル
Sources	多相電動機システム用信号源モデル
Interfaces	多相電動機システム用コネクタモデル

■ 4.4.5. 電力変換器ライブラリ

電力変換器ライブラリ（Modelica.Electrical.PowerConverters）は、各種のパワーコンバータのモデルライブラリです。その構成は、表4-18のようになっています。

表4-18 Modelica.Electrical.PowerConverters パッケージの構成内容

クラス名	説明
UsersGuide	ユーザガイド
Examples	パワーコンバータライブラリの使用例
ACDC	AC/DC コンバータ
DCAC	DC/AC コンバータ
DCDC	DC/DC コンバータ
Enable	イネーブル入力制御ロジック
Interfaces	ライブラリ用コネクタ集
Icons	アイコン集

4.5 機械系ライブラリ

機械系ライブラリ（Modelica.Mechanics）は、一次元の回転機械系（ドライブトレーン）、並進機械系（スライダー）、および、三次元のマルチボデーダイナミクス系（ロボット、リンク機構、エンジンなど）のモデル作成に有効です。機械系ライブラリパッケージの構成は、表4-19のようになっています。

表4-19　Modelica.Mechanicsパッケージの構成内容

クラス名	説　　　明
MultiBody	三次元マルチボデー機械システム用ライブラリ
Rotational	一次元回転機械システム用ライブラリ
Translational	一次元並進機械システム用ライブラリ

以下では、それぞれのパッケージの内容を見ていきます。

■ 4.5.1.　マルチボデー機械系ライブラリ

マルチボデー機械系ライブラリ（Modelica.Mechanics.MultiBody）は、図4-21に示すような、三次元のアーム、リンク、ジョイント、粘弾性要素などからなる機械機構のモデルを作ることができます。そのパッケージの構成は、表4-20のようになっています。

図4-21　三次元マルチボデー機械系ライブラリの使用例

表4-20　Modelica.Mechanics.MultiBodyパッケージの構成内容

クラス名	説　　　明
UsersGuide	ユーザガイド
World	世界座標系定義用モデル
Examples	3次元マルチボデー機械系ライブラリの使用例
Forces	力、トルク要素モデル

Frames	座標変換用各種関数
Interfaces	3次元マルチボデー機械系ライブラリ用コネクタおよび部分モデル
Joints	ジョイント要素モデル
Parts	剛体パーツモデル
Sensors	センサモデル
Visualizers	アニメーション描画用要素モデル
Types	定数および変数型定義
Icons	アイコン集

　一例として、6自由度の産業用ロボットとその制御機構のモデルを見ていきましょう。この例は、Examples.Systems.RobotR3.fullRobot で見ることができます。モデルを展開していくと、図4-22のようになっています。mechanicsモデルは、ロボットのリンク機構のモデルとなっており、リンクアームやジョイントから成っています。axisモデルは、各軸の制御コントローラのモデルとなっており、電動モー

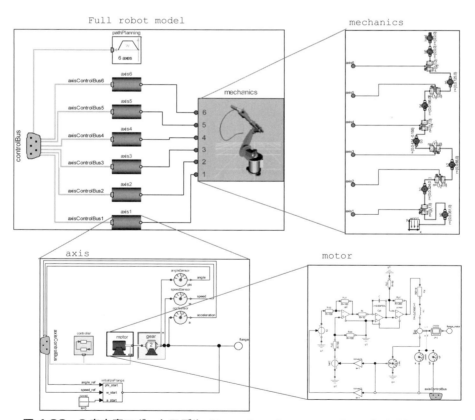

図4-22　6自由度ロボットモデル (Examples.Systems.RobotR3.fullRobot)

タと減速機、およびフィードバック制御器から成っています。電動モータモデルmotorを開くと、更にその電気系モデルが見られます。このように、多様な物理系のモデルを組合わせて、全体のシステムモデルを構築していきます。

次に、Mechanics.MultiBodyのいくつかの構成パッケージの中身を見ていきましょう。力・トルク要素（Forces）、ジョイント要素（Joints）、パーツ要素（Parts）の中身は、それぞれ、表4-21、表4-22、表4-23のようになっています。ここで、図4-21のようなアニメーション表示をするためには、そのためのクラスを含んだpartsの要素モデルを用いる必要があります。これは、Modelicaがオブジェクト指向言語であり、物理方程式を記述するためのクラスと、アニメーション表示のための情報を与えるクラスが別になっているためです。

表4-21　Modelica.Mechanics.MultiBody.Forces パッケージの構成内容

クラス名	説　　　明
WorldForce	座標変換された外部力入力
WorldTorque	座標変換された外部トルク入力
WorldForceAndTorque	座標変換された外部力・トルク入力
Force	二つの座標フレーム間に働く3次元の力要素
Torque	二つの座標フレーム間に働く3次元のトルク要素
ForceAndTorque	二つの座標フレーム間に働く3次元の力・トルク要素
LineForceWithMass	質点の質量を含む線上の力要素
LineForceWithTwoMasses	二つの質点の質量を含む線上の力要素
Spring	オプショナルな質量を含む線形のばね要素
Damper	線形のダンパー要素
SpringDamperParallel	並列の線形のばね・ダンパー要素
SpringDamperSeries	直列の線形のばね・ダンパー要素

表4-22　Modelica.Mechanics.MultiBody.Joints パッケージの構成内容

クラス名	説　　　明
Prismatic	並進ジョイント（1次元の並進自由度、二つの状態量）
Revolute	回転ジョイント（1次元の回転自由度、二つの状態量）
RevolutePlanarLoopConstraint	閉ループ機構系を形成する機械系モデルのための回転ジョイント
Cylindrical	シリンダージョイント（2自由度、4状態量）
Universal	ユニバーサルジョイント（2自由度、4状態量）
Planar	平面ジョイント（3自由度、6潜在状態量）
Spherical	球面ジョイント（3自由度、3状態量）
FreeMotion	自由運動（6自由度）

4.5　機械系ライブラリ（Modelica.Mechanics）

FreeMotionScalarInit	スカラー初期値付きの自由運動（6自由度）
SphericalSpherical	球面ジョイント－剛体－球面ジョイント要素
UniversalSpherical	ユニバーサルジョイント－剛体－球面ジョイント要素
GearConstraint	理想的な3次元のギヤ要素
RollingWheel	回転ホイール要素
RollingWheelSet	同軸上の回転ホイール要素のセット
Assemblies	複数ジョイントのアセンブリモデル
Constraints	自由度拘束付きの各種ジョイントモデル

表4-23　Modelica.Mechanics.MultiBody.Parts パッケージの構成内容

クラス名	説　　明
Fixed	世界系座標への固定端
FixedTranslation	並進ジョイント拘束と座標系
FixedRotation	回転ジョイント拘束と座標系
Body	質量、慣性テンソルを持った剛体
BodyShape	質量、慣性テンソルを持った剛体（アニメーション用形状属性付き）
BodyBox	直方体型の剛体（アニメーション用形状、質量、慣性属性付き）
BodyCylinder	円柱型の剛体（アニメーション用形状、質量、慣性属性付き）
PointMass	質点のみの剛体
Mounting1D	1次元回転拘束を得るための3次元反力計算用モデル
Rotor1D	1次元回転拘束を得るための3次元反力計算用モデル（慣性反力トルクも考慮）
BevelGear1D	3次元空間中に固定された1次元ベベルギヤ要素モデル
RollingWheel	Z=0の高さに拘束された回転ホイールモデル
RollingWheelSet	IZ=0の高さに拘束された複数の回転ホイールセットモデル

■ 4.5.2. 回転機械系ライブラリ

　回転機械系ライブラリ（Mechanics.Rotational）は、一次元の回転自由度を持つシャフトや、粘弾性要素、ギヤ、クラッチ、ブレーキ、バックラッシュなどから成る機械系を作るために使われます。熱損失を考慮したモデルに拡張することもできます。そのパッケージ構成は、表4-24のようになっています。また、機械要素モデルパッケージ（Components）の中身は、表4-25のようになっています。

表 4-24 Modelica.Mechanics.Rotational パッケージの構成内容

クラス名	説明
UsersGuide	1次元回転機械系ライブラリのユーザガイド
Examples	1次元回転機械系ライブラリの使用例
Components	1次元回転機械系の機械要素モデル
Sensors	1次元回転機械系のセンサモデル
Sources	1次元回転機械系の回転トルク源モデル
Interfaces	コネクタおよび部分モデル集
Icons	アイコン集

表 4-25 Modelica.Mechanics.Rotational.Components パッケージの構成内容

クラス名	説明
Fixed	ハウジングでの固定フランジ
Inertia	1次元回転系のイナーシャ
Disc	1次元回転系の1対の回転板（イナーシャなし）
Spring	1次元回転系の線形ばね要素
Damper	1次元回転系の線形ダンパ要素
SpringDamper	1次元回転系の並行線形ばね・ダンパ要素
ElastoBacklash	1次元回転系の並行線形ばね・ダンパ＋バックラッシュ要素
ElastoBacklash2	1次元回転系の並行線形ばね・ダンパ＋バックラッシュ要素
BearingFriction	ベアリングのクーロン摩擦
Brake	クーロン摩擦によつブレーキモデル
Clutch	クーロン摩擦によつクラッチモデル
OneWayClutch	ワンウェイクラッチ（フライホイールとクラッチの縦列接続）
IdealGear	イナーシャなしの理想的なギヤ
LossyGear	効率と摩擦損失を考慮したギヤ
IdealPlanetary	理想的なプラネタリギヤ
Gearbox	現実的なギヤボックスモデル（LossyGear をベースにした）
IdealGearR2T	回転から並進への変換ギヤボックス
IdealRollingWheel	イナーシャのない理想的な回転ホイール
InitializeFlange	角度、角速度、角加速度の初期値設定したフランジ
RelativeStates	相対的な状態量の定義
TorqueToAngleAdaptor	トルク入力フランジから回転角度、角速度、角加速度信号出力への信号アダプタ（FMU 化に際して有用）
AngleToTorqueAdaptor	回転角度、角速度、角加速度信号入力からトルク出力フランジへの信号アダプタ（FMU 化に際して有用）

Examplesに含まれるモデル例を、図4-23に示します。(説明のカッコ内に、モデル名を示しています。)

Drive train with heat losses (`Mechanics.Rotational.Examples.HeatLosses`)

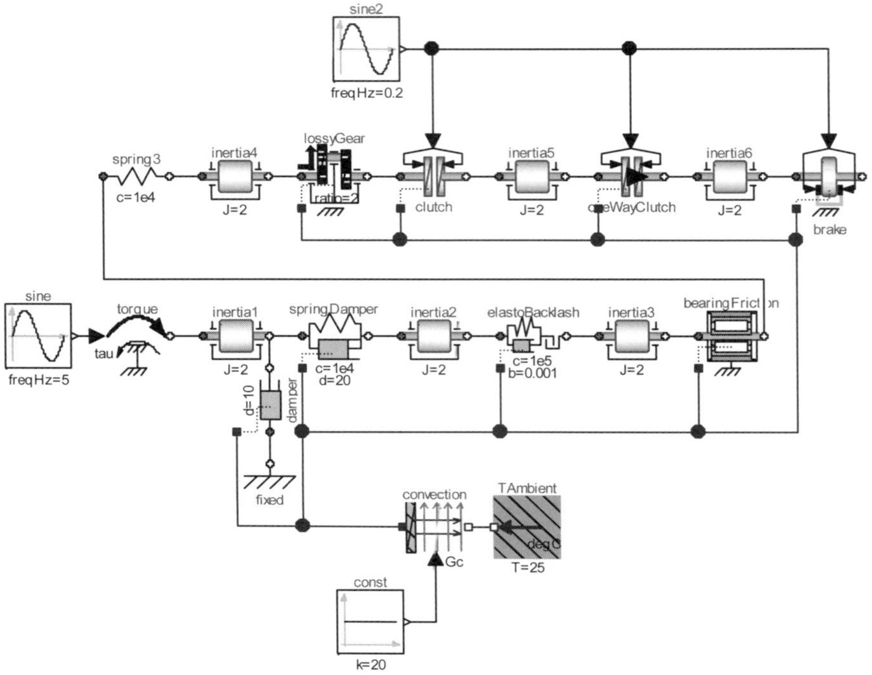

図4-23 回転機械系ライブラリの使用例 (`Mechanics.Rotational.Examples.HeatLosses`)

4.5.3. 並進機械系ライブラリ

並進機械系ライブラリ (Mechanics.Translational) は、一次元の並進自由度を持つマスや、粘弾性要素、摩擦、ギャップとストッパなどの要素を持つ並進機械系をモデル化するのに役立ちます。また、熱損失を考慮したモデルに拡張することもできます。そのパッケージ構成は、表4-26のようになっています。また、機械要素モデルパッケージ (Components) の中身は、表4-27のようになっています。Examplesパッケージに含まれる並進機械系ライブラリの使用例を、図4-24に示します。(説明のカッコ内に、モデル名を示しています。)

表4-26 Modelica.Mechanics.Translational パッケージの構成内容

クラス名	説明
UsersGuide	並進機械系ライブラリのユーザガイド
Examples	並進機械系ライブラリの使用例

Components	1次元並進機械系ライブラリの要素モデル
Sensors	1次元並進機械系ライブラリのセンサモデル
Sources	1次元並進機械系ライブラリの力発生器モデル
Interfaces	1次元並進機械系ライブラリのコネクタおよび部分モデル

表 4-27　Modelica.Mechanics.Translational.Components パッケージの構成内容

クラス名	説明
Fixed	固定端
Mass	イナーシャのある並進マス（質量）
Rod	イナーシャのあるロッド
Spring	1次元並進機械系のばね要素モデル
Damper	1次元並進機械系のダンパ要素モデル
SpringDamper	1次元並進機械系の並行したばね・ダンパ要素モデル
ElastoGap	ギャップ（遊び）を伴った1次元並進機械系の並行したばね・ダンパ要素モデル
SupportFriction	サポート要素でのクーロン摩擦
Brake	クーロン摩擦によるブレーキモデル
IdealGearR2T	回転から並進への変換ギヤボックス
IdealRollingWheel	イナーシャのない理想的な回転ホイール
InitializeFlange	変位、速度、加速度の初期値設定したフランジ
MassWithStopAndFriction	ハードストッパとストリベック摩擦を持った並進マス
RelativeStates	相対的な状態量の定義

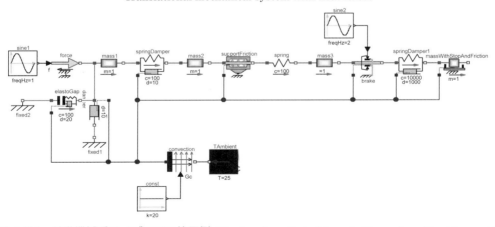

図 4-24　並進機械系ライブラリの使用例 (`Mechanics.Rotational.Examples.HeatLosses`)

4.5　機械系ライブラリ（Modelica.Mechanics）

4.6 熱流体ライブラリ

熱流体ライブラリ（Modelica.Fluid）は、熱および流量、圧力をやり取りする熱流体システム用モデルライブラリです。流体の性状としては、定常流、非定常流、混流、混相、非圧縮性、圧縮性の各流体に対応します。流体の性質は、メディアライブラリ（Modelica.Media）を使って、定義されます。熱流体ライブラリおよびメディアライブラリの構成は、それぞれ、表4-28、表4-29のようになっています。

表 4-28　Modelica.Fluid パッケージの構成内容

クラス名	説　　　明
UsersGuide	ユーザガイド
Examples	熱流体ライブラリの使用例
System	熱流体システムの性質と既定値
Vessels	流体貯蔵要素
Pipes	流会管路要素
Machines	流体力を機械力に変換する機械
Valves	流体制御用バルブモデル
Fittings	流体継ぎ手（オリフィス、曲管、流路抵抗など）
Sources	流体源
Sensors	流体の理想的なセンサモデル
Interfaces	流体用コネクタおよび部分モデル（定常流、非定常流、混流、混相、非圧縮性、圧縮性の各流体に対応）
Types	流体モデルの共通物理型
Dissipation	熱および圧力損失特性
Utilities	ユーティリティ関数集
Icons	アイコン集

表 4-29　Modelica.Media パッケージの構成内容

クラス名	説　　　明
UsersGuide	メディア（媒質）ライブラリのユーザガイド
Examples	ライブラリ使用例
Interfaces	コネクタおよび部分モデル
Common	媒質特性定義のためのデータ型、基本関数
Air	気体媒質モデル
CompressibleLiquids	圧縮性流体モデル

`IdealGases`	理想気体モデル
`Incompressible`	温度依存特性を持つ非圧縮性流体モデル
`R134a`	R134a 媒質モデル
`Water`	水媒質モデル

　Examples パッケージに含まれる熱流体ライブラリの使用例の一つ（ドラムボイラーモデル）を、図 4-25 に示します。また、その他の使用例を図 4-26 に示します。（説明のカッコ内に、モデル名を示しています。）

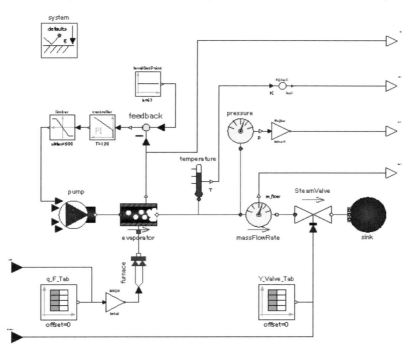

図 4-25　Complete drum boiler model (`DrumBoiler.DrumBoiler`)

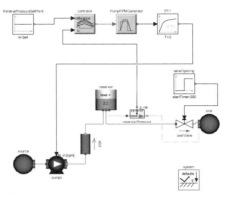
(a) pumping system (`PumpingSystem`)

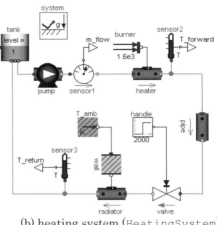
(b) heating system (`HeatingSystem`)

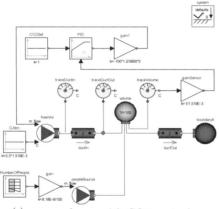
(c) room volume with CO2 controls
(`TraceSubstances.RoomCO2WithControls`)

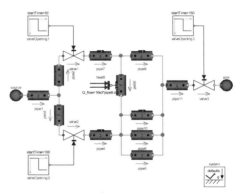
(d) incompressible fluid network
(`IncompressibleFluidNetwork`)

図 4-26　熱流体ライブラリの使用例

4.7　熱系ライブラリ

　熱系ライブラリ（Modelica.Thermal）は、一次元の非圧縮性熱流体システムと熱伝達のモデルライブラリです。その内部構成は、表 4-30 のようになっています。また、サブパッケージの FluidHeatFlow と HeatTransfer の構成は、それぞれ、表 4-31、表 4-32 のようになっています。

　熱系ライブラリの使用例として、図 4-27、図 4-28、図 4-29 のようなものがあります。（説明のカッコ内に、モデル名を示しています。）

表 4-30　Modelica.Thermal パッケージの構成内容

クラス名	説明
FluidHeatFlow	1次元の非圧縮性熱流体モデル
HeatTransfer	1次元の熱伝達モデル

表 4-31　Modelica.Thermal.FluidHeatFlow パッケージの構成内容

クラス名	説明
UsersGuide	ユーザガイド
Examples	熱流体コンポーネントライブラリの使用例
Components	基本的なコンポーネント（パイプ、バルブなど）
Media	媒体の特性定義
Sensors	熱流体のポート特性を図るセンサモデル
Sources	熱流体ソース
Interfaces	コネクタおよび部分モデル

表 4-32　Modelica.Thermal.HeatTransfer パッケージの構成内容

クラス名	説明
Examples	熱伝達モデルライブラリの使用例
Components	熱伝達モデルの要素モデル
Sensors	熱センサ
Sources	熱源
Celsius	摂氏温度の入出力を持つ要素モデル
Fahrenheit	華氏温度の入出力を持つ要素モデル
Rankine	ランキン入出力を持つ要素モデル
Interfaces	コネクタおよび部分モデル

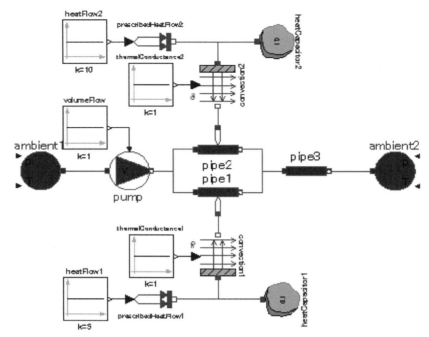

図 4-27 cooling circuit with parallel branches
(Thermal.FluidHeatFlow.Examples.ParallelCooling)

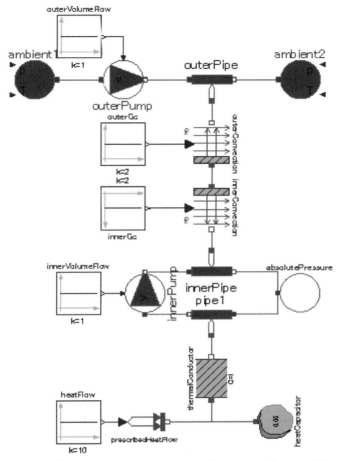

図 4-28 Indilect cooling (`Thermal.FluidHeatFlow.Examples.IndirectCooling`)

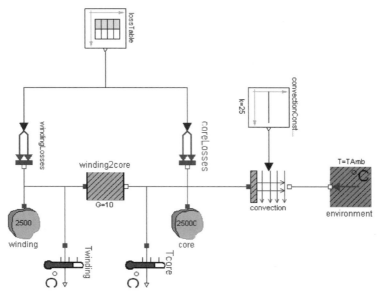

図 4-29　Second order thermal model of a motor (`Thermal.HeatTransfer.Examples.Motor`)

4.8　数学関数ライブラリ

数学関数ライブラリ（Modelica.Math）は、に示すような、各種の数学関数を提供します。

表 4-33　Modelica.Math パッケージの構成内容

クラス名	説　　　　明
`Vectors`	ベクトル計算用関数
`BooleanVectors`	論理型のベクトル計算用関数
`Matrices`	行列計算用関数
`Nonlinear`	非線形関数
`Random`	乱数生成用関数
`Distributions`	確率分布計算用関数
`Special`	特別な数学関数
`FastFourierTransform`	拘束フーリエ変換（FFT）用関数
`Icons`	アイコン集
`isEqual`	実数型の同一性検定
`isPowerOf2`	整数型変数が2のべき乗か調べる
`sin`	サイン（Sine）関数

cos	コサイン (Cosine) 関数
tan	タンジェント (Tangent) 関数
asin	逆サイン関数
acos	逆コサイン関数
atan	逆タンジェント関数
atan2	逆タンジェント関数2
atan3	逆タンジェント関数3
sinh	ハイパボリックサイン (Hyperbolic sine) 関数
cosh	ハイパボリックコサイン (Hyperbolic cosine) 関数
tanh	ハイパボリックタンジェント (Hyperbolic tangent) 関数
asinh	逆ハイパボリックサイン関数
acosh	逆ハイパボリックコサイン関数
exp	自然対数 e が基底の指数関数
log	自然対数 e が基底のロガリズム (log) 関数
log10	10 が基底のロガリズム (log) 関数
baseIcon1	古いアイコン集 (Modelica.Math.Icons.AxisLeft に代替)
baseIcon2	古いアイコン集 (Modelica.Math.Icons.AxisCenter に代替)
tempInterpol1	線形補間のための補助関数
tempInterpol2	ベクトルの線形補間のための補助関数

5. Modelica 処理系における モデル計算理論の概要

本章では、一般的な数値計算手法の概要と、モデル計算時に気を付けるべきこと、および、Modelica 処理系の内部処理の概要について説明します。

5.1 常微分方程式（ODE）と微分代数方程式（DAE）

一般に物理モデルで記述される式は、微分方程式と微分演算を含まない代数方程式から成りますが、そのモデル記述法としては、常微分方程式（ODE）表現と微分代数方程式（DAE）表現があります。常微分方程式表現とは、一般に、(5-1) 式の形で表される状態変数 x、補助変数 u、時間 t についての常微分方程式と、微分を含まない変数間の拘束条件を表す代数方程式 (5-2) 式から成ります。なお、後述する FMI によるモデル接続で扱うモデルのように、補助変数 u が外部から陽に与えられる入力変数となる場合、(5-2) 式の代数方程式は現れない場合もあります。

$$dx/dt = f(x,u,t) \tag{5-1}$$
$$0 = g(x,u,t) \tag{5-2}$$

(5-1) 式では、x の微係数 dx/dt が陽に定義されているため、そのままの形で5.2節で説明する ODE 用のソルバで数値積分を行って解くことができます。

一方、微分代数方程式表現とは、(5-3) 式の様に微係数 dx/dt も含んだ拘束条件式で表現されるものです。

$$0 = F(dx/dt, x, u, t) \tag{5-3}$$

(5-3) 式を解くには、後述するように、(5-1) 式の形に解析的に式を変形してから ODE ソルバで解く方法と、(5-3) 式の形のまま陰解法を用いた DAE ソルバで解く方法の二つがあります。種々のシミュレーションツールでは、いずれかの方法が実装されています。

因果的モデリングでは、入力と出力が何かを予め指定してモデルを作成します。作成方法としては、物理モデル方程式をユーザが ODE 形式になるように手で解いた後、Simulink® などのツールを使って、それらの式をブロック線図形式で記述していく方法が一般的です。一方、各コンポーネント間でやり取りする物理量とその入出力関係をあらかじめ指定する Bond Graph のような手法もあり、DAE を扱うこともできます。

一方、非因果的モデリングでは、モデル記述形式としては、一般に DAE となります。実際の計算処理に用いられる数値解法としては、1 ステップごとに ODE ソルバと Newton-Laphson 法などの反復計

算による代数方程式ソルバを交互に解く DAE の解法が一般的で、VHDL-AMS の処理系で主に用いられています。また、Modelica 処理系では数式処理を用いて ODE に変換してから ODE ソルバで解く方法も採用されています。

5.2　微分方程式の数値解法

　微分方程式を計算機で解くには、微分を差分で近似して、差分方程式を数値解法で解く方法が用いられます。この際、前進差分を用いる陽解法（Explicit method）と、後退差分を用いる陰解法（Implicit method）があります。一般に、陽解法では、系の時定数に対して、時間刻みを十分小さくしないと、解が不安定となり、振動や発散を起こすことと、また逆に小さくしすぎると誤差が累積することが知られています。一方、陰解法では、原理的に、解はより安定となり、時間刻みがより大きくとれます。ただし、陰解法は、解について反復計算による収束計算が必要となり、また、収束許容誤差の設定が精度に影響を与えることになります。HILS（Hardware In the Loop Simulation）のように、実時間計算が求められる場合、計算時間の制約上、陽解法しか使えない場合がありますが、時間刻みの設定には十分な注意が必要となり、そもそも、系の時定数が小さい場合、実時間計算が不可能な場合もあります。

　ここで、注意すべきことが一つあります。それは、系に含まれるダイナミクスの時定数のオーダーが大きく異なっている場合です。このような系は、スティッフ（Stiff）系と言われます。例えば、機械系と油圧系の物理モデルをそのまま結合した場合など、系がスティッフになり易くなります。固定刻みの陽解法の数値積分法（前進 Euler 法、前進 Runge-Kutta 法など）を用いる場合、最も小さいダイナミクスの時定数に合せて時間刻みを設定しないと、計算が不安定となったり、結果が振動し易くなることがあります。一方、時間刻みを小さく設定すると、計算時間が非常に長くなる傾向があります。スティッフな系のシミュレーションを行う場合、後述のスティッフな系に対応した可変刻みの陰解法数値積分アルゴリズムを用いる方が望ましいと言えます。

　対象とする系の時定数に応じた、適切な積分アルゴリズムと、時間刻みや収束許容誤差の設定が、シミュレーション結果の精度に大きな影響を与えるので、注意が必要です。表 5-1 に、主な数値積分法の分類を示します。また、代表的な数値積分アルゴリズムの特徴を表 5-2 に示します。

表 5-1　主な数値積分法の分類

	陽解法（Explicit）	陰解法（Implicit）
一段階法 （Single Step）	前進 Euler 前進 Runge-Kutta	後退 Runge-Kutta
多段階法 （Multi Step）	Adams-Bashforth	Adams-Moulton 後退微分公式（BDF）

表 5-2 主な数値積分アルゴリズムの特徴 [7]

アルゴリズム	方程式	スティフ系対応	時間刻み	手法
Euler	ODE	No	固定	前進 Euler
RKF45	ODE	No	可変	前進 Runge-Kutta
DOPRI5	ODE	No	可変	前進 Runge-Kutta (Dormand-Prince)
DIRK	ODE	Yes	可変	後退 Runge-Kutta
SIRK	ODE	Yes	可変	後退 Runge-Kutta
Radau IIa	ODE	Yes	可変	後退 Runge-Kutta
LSODAR	ODE	Yes	可変	多段階 Adams 法
DASSL	DAE	Yes	可変	BDF (指数 1)
RADAU5	DAE	Yes	可変	BDF (指数 1,2,3)*)

*) 但し、適用可能な方程式のクラスに制限あり

5.3 代数ループとその解決法

代数ループ (Algebraic loop) は、代数方程式によって表現されるループのことで、具体的には、ブロック要素において、自分自身の出力をフィードバックで入力するような場合に生じます。つまり、入力と出力が同じ計算タイミングで要求されるような状態です。("代数"は微分係数を含まない方程式を意味します。[8] [9])

代数ループの簡単な例として、y = x − y の関係を表したブロック線図の例を図 5-1 に示します。

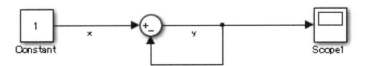

図 5-1 y = x − y の関係を表した代数ループのブロック線図

このモデルの正解は、y = x − y を陽に解いた y = x / 2 (= 0.5) となりますが、この操作を正確に行うには、数式処理の機能が必要になります。一般的には、代数ループを含む系は以下に説明する収束計算で数値的に解かれます。まず、y の推定値を、ある初期値 (例えば、y[0]=0) に設定します。そして、y の定義式から計算される値

y_[0] = x − y[0] = 1 − 0 = 1

と、今回の推定値 y[0] = 0 の差 Δy = y_[0] − y[0] = 1 − 0 = 1 が零に近づくように、y の推定値を以下に示す収束計算式で修正します。

y[k+1] = y[k] + r*(y_[k]-y[k])　　　　　　　　（ここで、r (0 < r < 1) は、収束係数）

今の例では、例えば、r = 0.4 とすると、

　　y[0] = 0
　　y[1] = y[0] + 0.4 * (y_[0] − y[0]) = 0 + 0.4*((1 − 0) − 0) = 0.4
　　y[2] = y[1] + 0.4 * (y_[1] − y[1]) = 0.4 + 0.4*((1 − 0.4) − 0.4) = 0.48
　　y[3] = y[2] + 0.4 * (y_[2] − y[2]) = 0.48 + 0.4*((1 − 0.48) − 0.48) = 0.496
　　y[4] = y[3] + 0.4 * (y_[3] − y[3]) = 0.496 + 0.4*((1 − 0.496) − 0.496) = 0.4992
　　y[5] = y[4] + 0.4 * (y_[4] − y[4]) = 0.4992 + 0.4*((1 − 0.4992) − 0.4992) = 0.49984

などとなり、y の推定値が真の値に収束していくことが分かります。一般的な数値計算ソフトには、上記のような収束計算を用いた代数ループソルバが実装されていることが普通です。但し、場合によっては反復計算のための時間がかかることになり、収束係数の設定や打ち切り回数の設定により、解の精度が影響されることがあります。以上の課題に対処するためには、モデル計算式の作成時に、代数ループにならないように、あらかじめ数式処理により陽に解いたモデル計算式を生成することが望まれます。Modelica系ツールのほとんどでは、線形の簡単な代数ループは、数式処理によりあらかじめ解いてから計算するようになっており、計算効率が高いと言えます。なお、数式処理で解けない代数ループは、Modelica 処理系でも収束計算で計算されます。

　一方、一般には、簡単な数式処理で解けないモデルも多々あり、また、HILS などの場合、反復計算量を削減したいというニーズも存在します。このため、近似的に、代数ループを回避するために出力値を 1 サンプル時間遅延させて計算するやり方も、比較的多く使われます。例えば、図 5-1 の例に対しては、図 5-2 のように、

　　$y_{n+1} = x_{n+1} − y_n$

として計算させる場合があります。しかし、このやり方では、初期値が真値と異なると、正確な解に収束しない場合が存在するので注意が必要です。図 5-2 のモデルの計算結果を図 5-3 に示します。計算結果が振動し、期待する結果と異なることが分かります。

　この方法では、一般に、代数ループ内を一巡した時のゲイン A の絶対値が、$|A| < 1$ ならば真値に収束しますが、$|A| = 1$ ならば持続振動、$|A| > 1$ ならば発散します。（図 5-2 の場合は、一巡伝達関数ゲインが 1 のため、持続振動しました。）HILS への適用など、計算時間の制約から近似的に遅延を入れたモデルを作成する場合、この点に注意が必要です。

　また、6 章に説明する FMI（Functional Mockup Interface）などを使って、様々なツールを用いて作

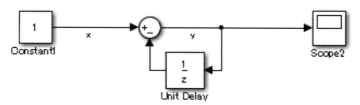

図 5-2　出力の遅延を適用したブロック線図

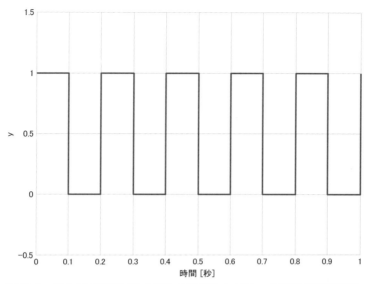

図 5-3　出力値の遅延（0.1 秒）を適用したブロック線図の計算結果

成された異なるモデルを接続して一つの大きなモデルを作る場合も、全体モデルの中に代数ループができないようなモデル構造とすることが重要となります。どうしても代数ループを回避できず、上記の遅延を入れた対処法を取る場合、ループの一巡伝達関数ゲインが、上記の収束条件を満たすか、確認することが必要です。また、ループ内に非線形要素が含まれる場合、一巡伝達関数ゲインを一意に決定することができない場合もあります。このような場合には、代数ループソルバを用いる場合であっても、固定の収束係数では結果が発散する場合もあります。

5.4　Modelica 処理系におけるモデル計算処理の概要

　図 5-4 に、Modelica 処理系の計算処理の流れを示します。エディタ（Modelica Editor）で作られた Modelica モデルからは、Modelica 言語によるソースコードが作成されます。この時点では、ソースコードは、3 章で説明したようなオブジェクト指向の形式で書かれています。モデルのソースコードは、トランスレータ（Translator）でオブジェクト指向形式から、各クラスの定義を展開したフラット（Flat）なモデルに翻訳されます。次に、アナライザ（Analyzer）で、後述の方程式群の計算因果関係を調べる解析を経て、計算機で計算可能な順番に式変形と並べ替えが行われます。さらに、オプティマイザ（Optimizer）により、数式処理を用いて、コードの最適化が行われます。そして、コードジェネレータ（Code generator）により、C のプログラムコードに変換されます。最後に、C コンパイラにより実行形式へと変換され、計算が実行されます。
　以下の節では、それぞれの処理の詳細について、もう少し詳しく説明します。

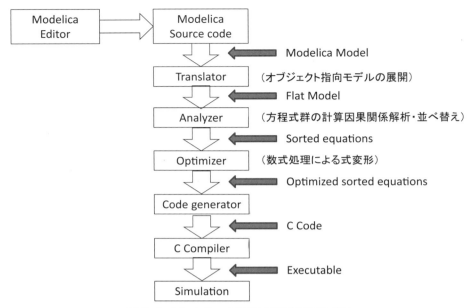

図 5-4　Modelica 処理系の計算処理の流れ

■ 5.4.1.　トランスレータ（Translator）

例題として、図 1-4 に示した電気回路モデルを使って、トランスレータの動作の様子を説明します。

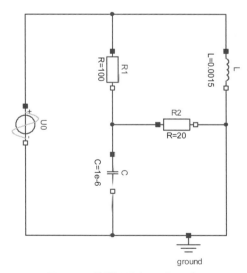

図 5-5　簡単な電気回路モデル

図5-5に、例題のModelicaモデルを示します。Modelicaでのコードは、以下のようになります。（実際は、グラフィカルエディタでの描画のためのannotation記述も追加されますが、省略します。）

```
model Circuit1 "Simple circuit model"
    Modelica.Electrical.Analog.Sources.SineVoltage U0(V=10, freqHz=2500) ;
    Modelica.Electrical.Analog.Basic.Resistor R1(R=100) ;
    Modelica.Electrical.Analog.Basic.Resistor R2(R=20) ;
    Modelica.Electrical.Analog.Basic.Capacitor C(C=1e-6) ;
    Modelica.Electrical.Analog.Basic.Inductor L(L=0.0015) ;
    Modelica.Electrical.Analog.Basic.Ground ground ;
equation
    connect(U0.p, R1.p) ;
    connect(R1.n, C.p) ;
    connect(R2.p, C.p) ;
    connect(U0.n, C.n) ;
    connect(ground.p, C.n) ;
    connect(L.p, R1.p) ;
    connect(L.n, ground.p) ;
    connect(R2.n, ground.p) ;
end Circuit1;
```

トランスレータでは、上記のModelicaコードを、extendされたモデルの階層を展開したフラットなModelicaコードに変換します。結果は、以下のようになります。最初に、parameterやconstantなどの定数の宣言、次に、使用される変数や関数の宣言が続き、その後、各コンポーネント内での定義式、最後に、モデル全体での接続拘束式が展開されます。MSLの標準的な電気系のレジスタンスモデルでは、抵抗値の温度依存特性も考慮に入れられています。

```
model Circuit1
parameter Modelica.SIunits.Voltage U0.V(start = 1) = 10
    "Amplitude of sine wave";
parameter Modelica.SIunits.Angle U0.phase = 0 "Phase of sine wave";
parameter Modelica.SIunits.Frequency U0.freqHz(start = 1) = 2500
    "Frequency of sine wave";
parameter Modelica.SIunits.Voltage U0.offset = 0 "Voltage offset";
parameter Modelica.SIunits.Time U0.startTime = 0 "Time offset";
parameter Real U0.signalSource.amplitude = U0.V "Amplitude of sine wave";
```

```
parameter Modelica.SIunits.Frequency U0.signalSource.freqHz(start = 1) =
  U0.freqHz "Frequency of sine wave";
parameter Modelica.SIunits.Angle U0.signalSource.phase = U0.phase
  "Phase of sine wave";
parameter Real U0.signalSource.offset = U0.offset
  "Offset of output signal";
parameter Modelica.SIunits.Time U0.signalSource.startTime = U0.startTime
  "Output = offset for time < startTime";
parameter Modelica.SIunits.Resistance R1.R(start = 1) = 100
  "Resistance at temperature T_ref";
parameter Modelica.SIunits.Temperature R1.T_ref = 300.15
  "Reference temperature";
parameter Modelica.SIunits.LinearTemperatureCoefficient R1.alpha = 0
  "Temperature coefficient of resistance (R_actual = R*(1 + alpha*(T_
heatPort - T_ref))";
constant Boolean R1.useHeatPort = false "=true, if heatPort is enabled";
parameter Modelica.SIunits.Temperature R1.T = R1.T_ref
  "Fixed device temperature if useHeatPort = false";
parameter Modelica.SIunits.Resistance R2.R(start = 1) = 20
  "Resistance at temperature T_ref";
parameter Modelica.SIunits.Temperature R2.T_ref = 300.15
  "Reference temperature";
parameter Modelica.SIunits.LinearTemperatureCoefficient R2.alpha = 0
  "Temperature coefficient of resistance (R_actual = R*(1 + alpha*(T_
heatPort - T_ref))";
constant Boolean R2.useHeatPort = false "=true, if heatPort is enabled";
parameter Modelica.SIunits.Temperature R2.T = R2.T_ref
  "Fixed device temperature if useHeatPort = false";
parameter Modelica.SIunits.Capacitance C.C(start = 1) = 1E-006
  "Capacitance";
parameter Modelica.SIunits.Inductance L.L(start = 1) = 0.0015
  "Inductance";

Modelica.SIunits.Voltage U0.v "Voltage drop between the two pins (= p.v
 - n.v)";
```

```
Modelica.SIunits.Current U0.i "Current flowing from pin p to pin n";
Modelica.SIunits.Voltage U0.p.v "Potential at the pin";
Modelica.SIunits.Current U0.p.i "Current flowing into the pin";
Modelica.SIunits.Voltage U0.n.v "Potential at the pin";
Modelica.SIunits.Current U0.n.i "Current flowing into the pin";
Modelica.Blocks.Interfaces.RealOutput U0.signalSource.y "Connector of Real output signal";
Modelica.SIunits.Voltage R1.v "Voltage drop between the two pins (= p.v - n.v)";
Modelica.SIunits.Current R1.i "Current flowing from pin p to pin n";
Modelica.SIunits.Voltage R1.p.v "Potential at the pin";
Modelica.SIunits.Current R1.p.i "Current flowing into the pin";
Modelica.SIunits.Voltage R1.n.v "Potential at the pin";
Modelica.SIunits.Current R1.n.i "Current flowing into the pin";
Modelica.SIunits.Power R1.LossPower "Loss power leaving component via heatPort";
Modelica.SIunits.Temperature R1.T_heatPort "Temperature of heatPort";
Modelica.SIunits.Resistance R1.R_actual "Actual resistance = R*(1 + alpha*(T_heatPort - T_ref))";
Modelica.SIunits.Voltage R2.v "Voltage drop between the two pins (= p.v - n.v)";
Modelica.SIunits.Current R2.i "Current flowing from pin p to pin n";
Modelica.SIunits.Voltage R2.p.v "Potential at the pin";
Modelica.SIunits.Current R2.p.i "Current flowing into the pin";
Modelica.SIunits.Voltage R2.n.v "Potential at the pin";
Modelica.SIunits.Current R2.n.i "Current flowing into the pin";
Modelica.SIunits.Power R2.LossPower "Loss power leaving component via heatPort";
Modelica.SIunits.Temperature R2.T_heatPort "Temperature of heatPort";
Modelica.SIunits.Resistance R2.R_actual "Actual resistance = R*(1 + alpha*(T_heatPort - T_ref))";
Modelica.SIunits.Voltage C.v(start = 0) "Voltage drop between the two pins (= p.v - n.v)";
Modelica.SIunits.Current C.i "Current flowing from pin p to pin n";
Modelica.SIunits.Voltage C.p.v "Potential at the pin";
```

```
Modelica.SIunits.Current C.p.i "Current flowing into the pin";
Modelica.SIunits.Voltage C.n.v "Potential at the pin";
Modelica.SIunits.Current C.n.i "Current flowing into the pin";
Modelica.SIunits.Voltage L.v "Voltage drop between the two pins (= p.v
 - n.v)";
Modelica.SIunits.Current L.i(start = 0) "Current flowing from pin p to
pin n";
Modelica.SIunits.Voltage L.p.v "Potential at the pin";
Modelica.SIunits.Current L.p.i "Current flowing into the pin";
Modelica.SIunits.Voltage L.n.v "Potential at the pin";
Modelica.SIunits.Current L.n.i "Current flowing into the pin";
Modelica.SIunits.Voltage ground.p.v "Potential at the pin";
Modelica.SIunits.Current ground.p.i "Current flowing into the pin";

function Modelica.Math.asin
  input Real u;
  output Real y;
external "builtin" y = asin(u);
end Modelica.Math.asin;

function Modelica.Math.sin
  input Real u;
  output Real y;
external "builtin" y = sin(u);
end Modelica.Math.sin;

// Equations and algorithms

  // Component U0.signalSource
  // class Modelica.Blocks.Sources.Sine
  equation
    U0.signalSource.y = U0.signalScurce.offset+(if time < U0.
signalSource.startTime
      then 0 else U0.signalSource.amplitude*sin(6.283185307179586*
      U0.signalSource.freqHz*(time-U0.signalSource.startTime)+U0.
```

```
      signalSource.phase));

    // Component U0
    // class Modelica.Electrical.Analog.Sources.SineVoltage
      // extends Modelica.Electrical.Analog.Interfaces.OnePort
      equation
        U0.v = U0.p.v-U0.n.v;
        0 = U0.p.i+U0.n.i;
        U0.i = U0.p.i;
      // extends Modelica.Electrical.Analog.Interfaces.VoltageSource
      equation
        U0.v = U0.signalSource.y;
      // end of extends

    // Component R1
    // class Modelica.Electrical.Analog.Basic.Resistor
      // extends Modelica.Electrical.Analog.Interfaces.OnePort
      equation
        R1.v = R1.p.v-R1.n.v;
        0 = R1.p.i+R1.n.i;
        R1.i = R1.p.i;
      // extends Modelica.Electrical.Analog.Interfaces.ConditionalHeatPort
      equation
        if ( not R1.useHeatPort) then
          R1.T_heatPort = R1.T;
        end if;
      // end of extends
    equation
      assert(1+R1.alpha*(R1.T_heatPort-R1.T_ref) >= 1E-015, "Temperature outside scope of model!");
      R1.R_actual = R1.R*(1+R1.alpha*(R1.T_heatPort-R1.T_ref));
      R1.v = R1.R_actual*R1.i;
      R1.LossPower = R1.v*R1.i;

    // Component R2
```

```
// class Modelica.Electrical.Analog.Basic.Resistor
  // extends Modelica.Electrical.Analog.Interfaces.OnePort
  equation
    R2.v = R2.p.v-R2.n.v;
    0 = R2.p.i+R2.n.i;
    R2.i = R2.p.i;
  // extends Modelica.Electrical.Analog.Interfaces.ConditionalHeatPort
  equation
    if ( not R2.useHeatPort) then
      R2.T_heatPort = R2.T;
    end if;
  // end of extends
equation
  assert(1+R2.alpha*(R2.T_heatPort-R2.T_ref) >= 1E-015, "Temperature outside scope of model!");
  R2.R_actual = R2.R*(1+R2.alpha*(R2.T_heatPort-R2.T_ref));
  R2.v = R2.R_actual*R2.i;
  R2.LossPower = R2.v*R2.i;

// Component C
// class Modelica.Electrical.Analog.Basic.Capacitor
  // extends Modelica.Electrical.Analog.Interfaces.OnePort
  equation
    C.v = C.p.v-C.n.v;
    0 = C.p.i+C.n.i;
    C.i = C.p.i;
  // end of extends
equation
  C.i = C.C*der(C.v);

// Component L
// class Modelica.Electrical.Analog.Basic.Inductor
  // extends Modelica.Electrical.Analog.Interfaces.OnePort
  equation
    L.v = L.p.v-L.n.v;
```

```
      0 = L.p.i+L.n.i;
      L.i = L.p.i;
  // end of extends
  equation
      L.L*der(L.i) = L.v;


  // Component ground
  // class Modelica.Electrical.Analog.Basic.Ground
  equation
     ground.p.v = 0;


  // Component
  // class Circuit1
  equation
     C.n.i+L.n.i+R2.n.i+U0.n.i+ground.p.i = 0.0;
     L.n.v = C.n.v;
     R2.n.v = C.n.v;
     U0.n.v = C.n.v;
     ground.p.v = C.n.v;
     C.p.i+R1.n.i+R2.p.i = 0.0;
     R1.n.v = C.p.v;
     R2.p.v = C.p.v;
     L.p.i+R1.p.i+U0.p.i = 0.0;
     R1.p.v = L.p.v;
     U0.p.v = L.p.v;

  end Circuit1;
```

■ 5.4.2. アナライザ (Analyzer)

前述のように、非因果的モデリングツールでは、生成された関係式群を代入式群に変換するため、計算順序の因果関係解析（Causality analysis）を行います。以下では、その基本原理を説明します。トランスレータで生成された式は、そのままでは冗長なので、重複した関係式を削除していって、独立した関係式のみを残します。図5-5の例では、最終的に、独立した関係式として、下記の10個の関係式が抽出されます。

```
     U0.v = U0.signalSource.y;
```

```
R1.v = R1.R_actual*R1.i;
R2.v = R2.R_actual*R2.i;
C.i = C.C*der(C.v);
L.L*der(L.i) = L.v;
L.i+R1.i-U0.i = 0.0;
C.i-R1.i+R2.i = 0.0;
U0.v = R1.v+C.v;
L,v = R1.v + R2.v;
C.v = R2.v;
```

以下では、簡単のため。U0.v = U_0, R1.v = u_1, R2.v = u_2, C.i = i_c, L.v = u_l, U0.i = i_0, R1.i = i_1, R2.i = i_2, C.i =i_c, L.i = i_l と書きます。アナライザでは、変数の未知変数と既知変数への分類、未知変数の演算定義式の因果関係解析と並べ替え、コード生成のための式変形の順番で処理を行います。

まず、独立した式の中の変数を、既知変数と未知変数に分類します。そのルールは、以下の通りです。なお、ユーザにより明示的に系への入力（input）と定義された変数は既知変数、出力（output）と定義された変数は未知変数となります。

① 時間関数で定義された変数、積分演算の状態変数は既知変数。
② 既知変数を使って唯一の変数が解ける式がある場合、その変数は未知変数とする。なお、未知変数とされた変数が他の式でも表れる場合、他の式の中では、その変数は既知変数として扱う。
③ ある変数がただ一つの式のみに表れる場合、その変数は未知変数とする。
④ ②③の操作を、すべての変数の分類が確定するまで、再帰的に繰り返す。

上記のアルゴリズムを、Horizontal Sorting といいます。これを、図 5-5 の例に逐次適用した結果を図 5-6 に示します。四角で囲んだ変数が未知変数、下線を付けた変数が既知変数に分類された変数となります。最後には、10 個の未知変数に対し、10 個の既知変数を使った式ができたことになり、数学的に解けることが分かります。なお、後述のように、代数ループを含む系の場合には、Horizontal Sorting による変数の分類が途中で頓挫することになります。

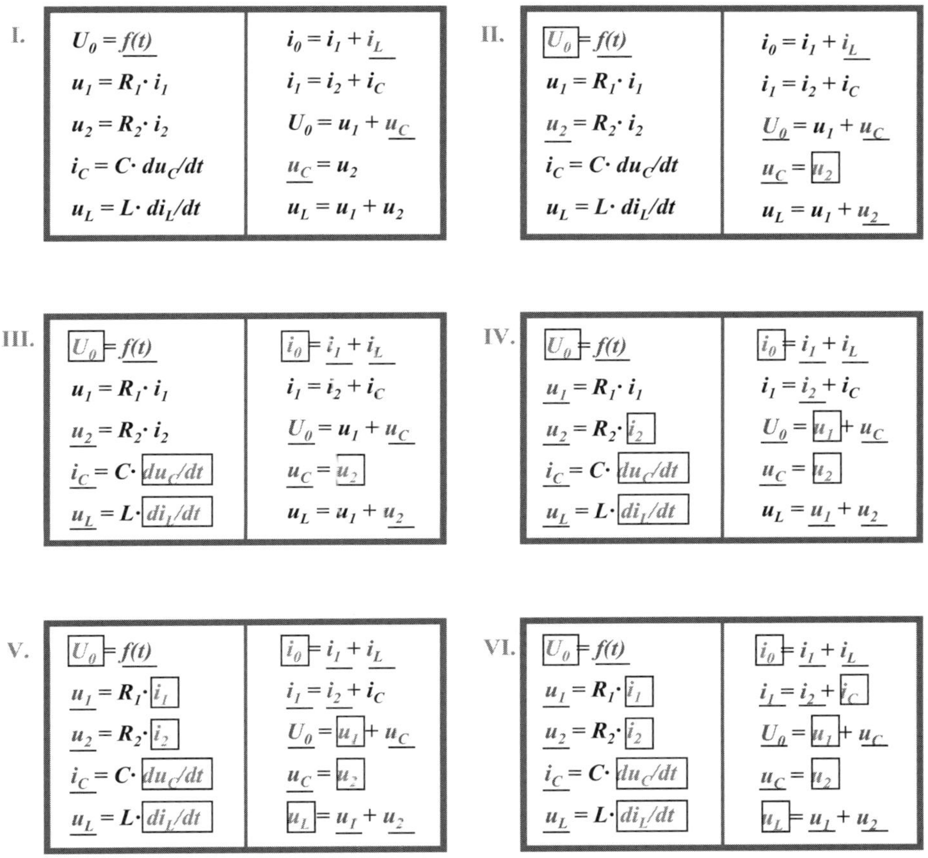

I.	$U_0 = \underline{f(t)}$ $u_1 = R_1 \cdot i_1$ $u_2 = R_2 \cdot i_2$ $i_C = C \cdot du_C/dt$ $u_L = L \cdot di_L/dt$	$i_0 = i_1 + i_L$ $i_1 = i_2 + i_C$ $U_0 = u_1 + u_C$ $u_C = u_2$ $u_L = u_1 + u_2$	
II.	$\boxed{U_0} = \underline{f(t)}$ $u_1 = R_1 \cdot i_1$ $\underline{u_2} = R_2 \cdot i_2$ $i_C = C \cdot du_C/dt$ $u_L = L \cdot di_L/dt$	$i_0 = i_1 + i_L$ $i_1 = i_2 + i_C$ $\underline{U_0} = u_1 + u_C$ $\underline{u_C} = \boxed{u_2}$ $u_L = u_1 + u_2$	
III.	$\boxed{U_0} = \underline{f(t)}$ $u_1 = R_1 \cdot i_1$ $\underline{u_2} = R_2 \cdot i_2$ $\underline{i_C} = C \cdot \boxed{du_C/dt}$ $\underline{u_L} = L \cdot \boxed{di_L/dt}$	$\boxed{i_0} = i_1 + i_L$ $i_1 = i_2 + i_C$ $\underline{U_0} = u_1 + u_C$ $\underline{u_C} = \boxed{u_2}$ $u_L = u_1 + u_2$	
IV.	$\boxed{U_0} = \underline{f(t)}$ $\underline{u_1} = R_1 \cdot i_1$ $\underline{u_2} = R_2 \cdot \boxed{i_2}$ $\underline{i_C} = C \cdot \boxed{du_C/dt}$ $\underline{u_L} = L \cdot \boxed{di_L/dt}$	$\boxed{i_0} = i_1 + i_L$ $i_1 = \underline{i_2} + i_C$ $\underline{U_0} = \boxed{u_1} + u_C$ $\underline{u_C} = \boxed{u_2}$ $u_L = \underline{u_1} + u_2$	
V.	$\boxed{U_0} = \underline{f(t)}$ $\underline{u_1} = R_1 \cdot \boxed{i_1}$ $\underline{u_2} = R_2 \cdot \boxed{i_2}$ $\underline{i_C} = C \cdot \boxed{du_C/dt}$ $\underline{u_L} = L \cdot \boxed{di_L/dt}$	$\boxed{i_0} = i_1 + i_L$ $i_1 = \underline{i_2} + i_C$ $U_0 = \boxed{u_1} + u_C$ $u_C = \boxed{u_2}$ $\boxed{u_L} = \underline{u_1} + u_2$	
VI.	$\boxed{U_0} = \underline{f(t)}$ $\underline{u_1} = R_1 \cdot \boxed{i_1}$ $\underline{u_2} = R_2 \cdot \boxed{i_2}$ $\underline{i_C} = C \cdot \boxed{du_C/dt}$ $\underline{u_L} = L \cdot \boxed{di_L/dt}$	$\boxed{i_0} = i_1 + i_L$ $\underline{i_L} = i_2 + \boxed{i_C}$ $\underline{U_0} = \boxed{u_1} + u_C$ $u_C = \boxed{u_2}$ $\boxed{u_L} = \underline{u_1} + u_2$	

図 5-6　未知変数と既知変数の分類（Horizontal Sorting）

　次に、未知変数の方程式の因果関係解析と並べ替えについて説明します。図5-6の最後の状態が、図5-7（a）となります。まず、これらの式を、左辺に未知変数、右辺に既知変数が来るように、数式処理により式変形します。結果を、図5-7（b）に示します。次に、これらの式を、効率的に解ける形に並べ替え（Vertical Sorting または、単に Sorting という）を行います。Sorting には、Tarjan のアルゴリズムを用います。Tarjan のアルゴリズムの詳細については、参考文献［10］［11］を参照ください。式を並べ替えた結果を、図5-7（c）に示します。

(a) 変換前の微分代数方程式系

$$U_0 = f(t)$$
$$u_1 = R_1 \cdot i_1$$
$$u_2 = R_2 \cdot i_2$$
$$i_C = C \cdot du_C/dt$$
$$u_L = L \cdot di_L/dt$$

$$i_0 = i_1 + i_L$$
$$i_1 = i_2 + i_C$$
$$U_0 = u_1 + u_C$$
$$u_C = u_2$$
$$u_L = u_1 + u_2$$

(a) 変換前の微分代数方程式系

$$U_0 = f(t)$$
$$i_1 = u_1/R_1$$
$$i_2 = u_2/R_2$$
$$du_C/dt = i_C/C$$
$$di_L/dt = u_L/L$$

$$i_0 = i_1 + i_L$$
$$i_C = i_1 - i_2$$
$$u_1 = U_0 - u_C$$
$$u_2 = u_C$$
$$u_L = u_1 + u_2$$

(b) 常微分方程式系への変換（数式処理）

$$U_0 = f(t)$$
$$u_1 = U_0 - u_C$$
$$i_1 = u_1/R_1$$
$$i_0 = i_1 + i_L$$
$$u_2 = u_C$$

$$i_2 = u_2/R_2$$
$$i_C = i_1 - i_2$$
$$u_L = u_1 + u_2$$
$$du_C/dt = i_C/C$$
$$di_L/dt = u_L/L$$

(c) 計算可能な順番への並べ替え

図5-7　微分代数方程式系の常微分方程式系への変換

　Sortingの物理的なイメージは、図5-8の回路モデルの例に示すような、方程式系と未知変数との対応関係を有向グラフで表現し、その接続関係を行列表現した因果関係行列（Structure Incidence Matrix）を考えると分り易い。ここで、未知変数と数式の関係がある場合、対応する要素X=1、ない場合は要素が0です。即ち、方程式系のSortingとは、行の並べ替えにより、因果関係行列を下三角行列化することと等価です。

5. Modelica処理系におけるモデル計算理論の概要

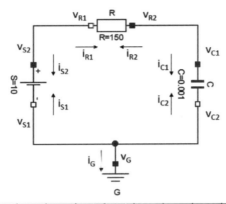

	i_G	i_{S1}	i_{C1}	i_{R1}	v_G	v_{C1}	v_{R1}	u_R	du_C
1)					X				
2)					X		X		
3)				X				X	
4)						X	X	X	
5)			X						X
6)						X	X		
7)		X		X					
8)			X	X					
9)	X	X	X						

1) $v_G = 0$
2) $v_G + 10V = v_{R1}$
3) $u_R = R \cdot i_{R1}$
4) $v_{R1} + u_R = v_{C1}$
5) $C \cdot du_C/dt = i_{C1}$
6) $v_{C1} + u_C = v_G$
7) $-i_{S1} + i_{R1} = 0$
8) $-i_{R1} + i_{C1} = 0$
9) $-i_{C1} + i_{S1} + i_G = 0$

↓ Sorting

	v_G	v_{C1}	v_{R1}	u_R	i_{R1}	i_{S1}	i_{C1}	du_C	i_G
1)	X								
6)	X	X							
2)	X		X						
4)		X	X	X					
3)				X	X				
7)					X	X			
8)					X		X		
5)							X	X	
9)						X	X		X

1) $v_G := 0$
6) $v_{C1} := -u_C + v_G$
2) $v_{R1} := v_G + 10V$
4) $u_R := v_{C1} - v_{R1}$
3) $i_{R1} := u_R/R$
7) $i_{S1} := i_{R1}$
8) $i_{C1} := i_{R1}$
5) $du_C/dt := i_{C1}/C$
9) $i_G := i_{C1} - i_{S1}$

図 5-8 方程式系の因果関係行列 Sorting（下三角行列化）[4]

5.4 Modelica 処理系におけるモデル計算処理の概要

■ 5.4.3. オプティマイザ（Optimizer）

オプティマイザでは、数式処理を用いて、計算コードの効率化を行います。特に、代数ループが発生するモデルでは、数式処理によりあらかじめ方程式群を解いた形に変換してコード生成を行います。代数ループが発生するモデルの例として、図 5-9 に示す電気回路モデルを題材に説明していきます。

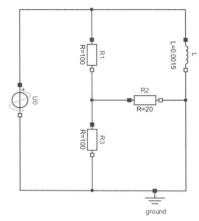

図 5-9　代数ループを生じさせる電気回路モデル

I.
$U_0 = f(t)$
$u_1 = R_1 \cdot i_1$
$u_2 = R_2 \cdot i_2$
$u_3 = R_3 \cdot i_3$
$u_L = L \cdot di_L/dt$

$i_0 = i_1 + i_L$
$i_1 = i_2 + i_3$
$U_0 = u_1 + u_3$
$u_3 = u_2$
$u_L = u_1 + u_2$

II.
$U_0 = f(t)$
$u_1 = R_1 \cdot i_1$
$u_2 = R_2 \cdot i_2$
$u_3 = R_3 \cdot i_3$
$u_L = L \cdot di_L/dt$

$i_0 = i_1 + \underline{i_L}$
$i_1 = i_2 + i_3$
$U_0 = u_1 + u_3$
$u_3 = u_2$
$u_L = u_1 + u_2$

III.
$\boxed{U_0} = f(t)$
$u_1 = R_1 \cdot i_1$
$u_2 = R_2 \cdot i_2$
$u_3 = R_3 \cdot i_3$
$\underline{u_L} = L \cdot \boxed{di_L/dt}$

$\boxed{i_0} = \underline{i_1 + i_L}$
$i_1 = i_2 + i_3$
$\underline{U_0} = u_1 + u_3$
$u_3 = u_2$
$u_L = u_1 + u_2$

IV.
$\boxed{U_0} = \underline{f(t)}$
$u_1 = R_1 \cdot i_1$
$u_2 = R_2 \cdot i_2$
$u_3 = R_3 \cdot i_3$
$\underline{u_L} = L \cdot \boxed{di_L/dt}$

$\boxed{i_0} = i_1 + i_L$
$i_1 = i_2 + i_3$
$\underline{U_0} = u_1 + u_3$
$u_3 = u_2$
$\boxed{u_L} = \underline{u_1 + u_2}$

図 5-10　図 5-9 のモデルの Horizontal Sorting の結果

図5-5の例では、収束計算をせずとも解ける形になりましたが、一般には、このようにうまくいかない場合も存在します。図5-9に示す回路のモデルは、図5-5のモデルのキャパシタCをレジスタR3に置き換えただけのモデルですが、このモデルでは、Horizontal Sortingの過程が図5-10のようになり、ステップIVで止まってしまいます。変数の分類（既知、未知）が未確定の方程式を抜き出すと、図5-11の状態I.のようになります。ここで、例えば、図5-11の状態I.で、方程式番号4の変数 i_1 が仮に既知（点線の枠で示してある）だと仮定して分類を続けると、図5-11の状態II.～IV.のようになります。図5-11の状態IV.の方程式と未知変数間の計算因果関係を示すと、図5-11の下図に示したような状態であることがわかり、方程式を順番に辿っていくと、微分要素（動特性）を含まない代数的な拘束式の関係で元の方程式に戻ってしまうことになります。これを、代数ループといいます。

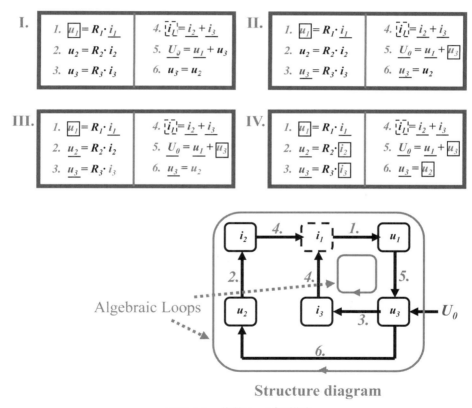

Structure diagram

図5-11　代数ループの構造

代数ループがあると、5.3節で説明したように、未知変数にある初期値を与え、ループが一巡した後の式誤差が0に近づくよう、収束計算を行う必要があります。Modelicaの処理系では、方程式系が線形の場合、代数ループを数式処理により予め解析的に解いてから計算コードを生成することが可能で

す。図 5-11 の例では、式 1. から式 6. を連立方程式として解析的に解くことで、変数 i_1 として次式の解を得ます。これを上記の式 4. の代わりに使って、モデル全体の方程式系を解きます。

$$i_1 = \frac{R_2 + R_3}{R_1 R_2 + R_1 R_3 + R_2 R_3} U_0$$

代数ループを含む系の因果関係行列は、図 5-12 にイメージを示すように、下三角行列化できず、ブロック対角化しかできていないことになります。図 5-12 中の太枠の四角で囲った部分に対応する未知変数を計算するのに、計算因果関係のループが発生していることが分かります。代数ループの検出と、解消のための収束計算や解析解の計算をするべき変数の決定のため、計算因果関係行列をブロック対角化するのにも、前述の Tarjan のアルゴリズムが使われます。

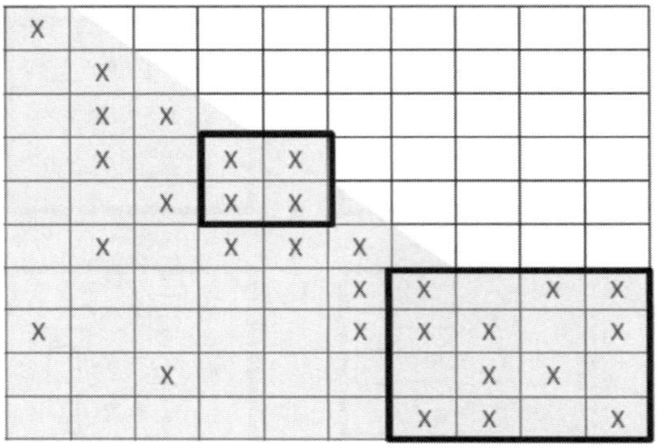

図 5-12 代数ループを含む方程式系の因果関係行列イメージ

5.5 Modelica 処理系での計算高速化技術

5.5.1. 生成式の並列化

Modelica では、すべての方程式の計算因果関係を解析して、因果関係行列（Structure Incidence Matrix）を下三角行列化するように、計算式の並べ替えを行うことを、5.4 節で説明しました。この特徴を活かして、更なる計算の高速化を行う技術も開発され、処理系に実装されています。一般に、モデルが大規模になると、因果関係行列はスパース（殆どの要素が零）になります。ここで、方程式の並べ替えのアルゴリズムを工夫することで、因果関係行列を、図 5-13 に示すように、ブロック下三角行列（行列の対角上に並んだ複数のブロックに、変数と方程式の関連を示すデータ 1 が含まれるが、その他の部分は要素がすべて 0 の行列）の形に変形することが可能です。この場合、ブロック A に含まれる変数の計算と、ブロック B に含まれる変数の計算、および、ブロック C に含まれる変数の計算は、すべて独立な関係となることが分かりますので、それぞれのブロックごとに並列計算するようなコードを生成

することが可能となります。マルチコア CPU での並列計算にそれぞれのブロックの計算を割り当てることで、計算を高速化することができます。

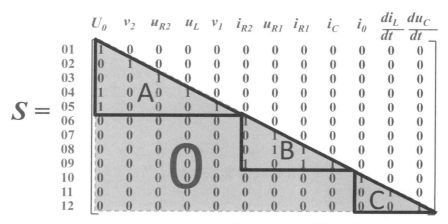

図 5-13　ブロック下三角行列化された因果関係行列

■5.5.2. インライン・インテグレーション

Modelica の処理系では、計算因果関係解析と数式処理を用いて、微分代数方程式の形のシステム全体の方程式群から、計算可能な常微分方程式の形の演算式（代入式）に変換し、数値積分で解くことを、前節までに説明しました。この計算プロセスにおいて、常微分方程式の形のまま数値積分するのではなく、常微分方程式の数値解法アルゴリズム自体を演算式の形に変換して、全体の方程式群に取り込み、その状態で、さらに数式処理を行って計算の効率化を図ることが可能です。この手法を、インライン・インテグレーション（Inline Integration）と言います。

具体的な事例を、図 3-1 の例で示した LowPassFilter モデルを使って説明します。

```
model LowPassFilter
    parameter Real T=1;
    Real u=2, y(start=1);
equation
    T*der(y) + y = u;
end LowPassFilter;
```

このモデルを解く常微分方程式は、入力 u=2 が固定として、

$$\frac{dy}{dt} = \frac{1}{T}(2-y) \tag{5-4}$$

となり、この常微分方程式を、5.2 節で説明した各種の数値積分アルゴリズムで解くことになります。

5.5　Modelica 処理系での計算高速化技術

このモデルに対してインライン・インテグレーションを適用すると、以下のように、計算式が変わります。例として、前進 Euler 法を使ったインライン・インテグレーションの場合について、説明します。前進 Euler 法は、時間刻みを h とすると、時刻 t_n の時の演算は、微分演算を以下のような差分演算で近似して計算します。

$$\frac{dy}{dt}(t_n) \cong \frac{y(t_{n+1}) - y(t_n)}{h} \tag{5-5}$$

(5-5) 式を展開して、(5-4) 式の微係数の計算式を代入すると、時刻 t_{n+1} の時の y の値は、以下の計算式で計算されます。

$$y(t_{n+1}) \cong y(t_n) + h\frac{(2 - y(t_n))}{T} \tag{5-6}$$

(5-6) 式を数式処理した結果を、(5-4) 式の微係数を数値積分エンジンに渡す方法の代わりに計算することで、インライン・インテグレーションが実現できたことになります。

前進差分法の数値積分（陽解法）アルゴリズムとインライン・インテグレーションを組合わせることで、HILS などの高速演算が要求されるアプリケーションへの適用が可能となります。但し、前進差分法では、刻み幅 h を、システムの時定数に対して十分小さな値にしておかないと、計算精度が不十分となったり、最悪の場合は発散することになるので、注意が必要です。

いくつかの Modelica 処理系では、前進 Euler、前進 Runge-Kutta 法だけでなく、後退 Euler、後退 Runge-Kutta 法を使ったインライン・インテグレーションを可能としています。但し、後退差分法は、陰解法アルゴリズムとなるため、収束計算が必要となり、HILS などの実時間演算には向かない場合もあります。一方、陰解法では、時間刻み h の値によらず、計算の安定性は保証される利点もあります。

6. FMIの特徴とモデル接続への応用法

6.1 FMIの概要

　近年、開発期間の短縮や試作コスト低減、システムの大規模・複雑化への対応などの要求に応えるため、モデルベース開発は加速していくものと思われます。一方、各システムやコンポーネントのモデルは、それぞれの開発部署や会社で、独自に、様々なツールを用いて開発されることがほとんどでした。そのため、ツールに依存せずに、これらのモデルを接続して利用したいというニーズが大きくなってきました。このニーズに対応するため、欧州では、複数の自動車会社やサプライヤ、ツールベンダが協力して、ツールに依存しないモデル接続のための共通インターフェイスを作るため、2008年から2011年の期間で、EUプロジェクトであるInformation Technology for European Advancement（ITEA2）プロジェクトの一環として、MODELISARというプロジェクトが実施されました。そして、モデル接続のための共通インターフェイス規格として、FMI（Functional Mockup Interface）が策定されました[12]。FMI策定の際には、以下の要件を満たすように、考慮されました。
① 動的なモデル交換（Model Exchange）と連成シミュレーション（Co-Simulation）をサポートする。
② モデリング言語やツールに関わらずに利用できる。
③ モデルの知的財産や製品ノウハウを保護できる。
　その結果、2010年に、FMI for Model Exchange ver. 1.0、および、FMI for Co-Simulation ver. 1.0の規格が制定されました。（以降では、FMI for Model ExchangeをME、FMI for Co-SimulationをCSと称します。なお、MEとCSの差については、後ほど説明します。）
　MODELISARプロジェクトが終了した後は、この活動はModelica Association（以下MA）に引き継がれました。MAは、現在、以下の4つのプロジェクトを推進しています。
① Modelica言語の仕様策定
② MSL（Modelica Standard Library）の開発と展開
③ FMIの仕様改訂とFMIによるモデル交換の促進
④ ネットワーク空間内での仮想システム開発のための各コンポーネントモデルのシステム構成とパラメータ調整に関する技術開発
　MAにおけるFMI仕様改訂作業において、Ver. 1.0で不足していた機能の追加や、仕様の曖昧性の見直しが行われ、2014年7月に、MEとCSの規格を一元化したFMI for Model Exchange and Co-Simulation Ver. 2.0（以下、FMI Ver.2.0）が制定されました。なお、Ver. 1.0とVer. 2.0の間に互換性はありま

せん。FMI の仕様の説明書は、MA の FMI Project に関する下記の Web ページから、ダウンロード・閲覧することができます。

（https://www.fmi-standard.org/downloads）

　上記の結果を受けて、多くののツールベンダが FMI への対応を進めており、2016 年末の時点で、主要なモデルベース開発ツールを含む 95 のツールで、Ver. 1.0 もしくは Ver. 2.0、あるいはその両方への対応がなされています［13］。また、欧州の自動車業界におけるシステム開発手法の効率化を推進する非営利団体 ProSTEP iViP Association が策定したガイドライン［14］でも、FMI は、モデル接続・交換のための標準インターフェイスの一つとして推奨されています。

6.2　FMI によるモデル接続の仕方

　上述のように、FMI によるモデル接続には、ME と CS の 2 種類があります。図 6-1 に、両者の違いを示します［15］。

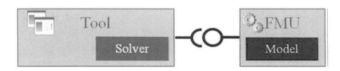

(a) FMI for Model Exchange (ME)

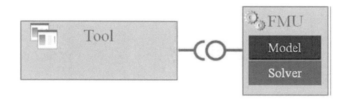

(b) FMI for Co-Simulation (CS)

図 6-1　ME と CS の違い［16］

　FMI に従って、切り出されたモデルの実行モジュールを、FMU（Functional Mockup Unit）といいます。ME では、FMU には、モデルの計算定義式のみ含まれており、数値積分のためのソルバは含まれていません。FMU を結合して実行する大元のツール（ホストツール）の数値積分ソルバが、データを受け渡す時刻の設定も含めて、すべての数値計算を行います。ホストツール側で、可変タイムステップのソルバを使用している場合、FMU を呼び出す時間ステップも一定ではなくなります。一方、CS では、FMU 内に、モデル切り出し元のツールのソルバを含みます。ホストツールで設定した時間間隔ごとに、FMU を呼び出し、FMU 内で数値積分を行った結果のみを、次の時刻の値としてホストツール側に返し

ます。FMUが複数ある場合、それぞれの切り出し元ツールの別々のソルバを使うことも可能です。一方、FMU呼び出しに伴い、必ず1タイムステップ分の遅れが入力と出力の間で発生します。

FMI規格においては、MEのFMUを作成する機能をExport、読込みを実行する機能をImport、CSのFMUを作成する機能をSlave、読込み実行する機能をMasterと呼んでいます。FMIプロジェクトのWebページには、各ツールのそれぞれの機能への対応状況の一覧表が示されています。図6-2に、その一例を示します。緑色の箱は、MAが提供しているFMIへの対応状況を確認するためのクロスチェッカプログラムによる試験にパスしたことを示しています。また、その中の数字は、確認された事例数を示しています。各ボックス上をクリックすると、更に、詳細な相手側ツールやOS環境の情報が得られます。実際にモデル接続したいツールが決まっている場合、このページで事前に確認しておくと良いでしょう。なお、橙色の箱は、クロスチニッカによる検証は報告されていないが、開発元が対応を告知していることを示しています。

Tools supporting FMI	FMI Version	ModelExchange Export	ModelExchange Import	CoSimulation Slave	CoSimulation Master
20-sim 4C	FMI_1.0		Planned		Planned
	FMI_2.0		Planned		Planned
Adams	FMI_1.0		Available 35	Available	Available 42
	FMI_2.0		Available 34	Available	Available 40
Algoryx Dynamics	FMI_1.0			Available	
	FMI_2.0			Available	
Amesim	FMI_1.0	Available 29	Available 27	Available 36	Available 62
	FMI_2.0	Planned	Planned	Available 15	Available 109
ANSYS SCADE Display	FMI_1.0	Available		Available	
ANSYS SCADE Suite	FMI_1.0	Available		Available	
ANSYS Simplorer	FMI_1.0	Available	Available 60		Planned
	FMI_2.0	Planned	Available 15		Planned
ANSYS DesignXplorer	FMI_1.0	Available			
	FMI_2.0				
ASim - AUTOSAR Simulation	FMI_1.0	Available 3		Available 3	
	FMI_2.0	Planned		Available 3	
@Source	FMI_1.0	Available			
Automation Studio	FMI_1.0				
	FMI_2.0		Planned	Available	
AVL CRUISE	FMI_1.0	Planned	Available 21	Available 8	Available 30
AVL CRUISE M	FMI_1.0		Available 70		Available 111

図6-2　各ツールのFMIへの対応リストの例［13］

各ツールから出力されたモデルの FMU は、.fmu という拡張子がつけられた一つのファイルとなりますが、その中身は、通常の zip ファイルです。従って、拡張子を .zip に改名すると、zip ファイルとして中身を見ることができます。その内部構成は図 6-3 のようになっています。

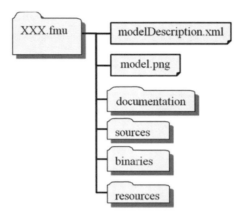

図 6-3　FMU（Functional Mockup Unit）の内部構成

表 6-1　modelDescription.xml の項目例（最上位）

項　　　目	1.0	2.0	説　　　明
Attributes	必須	必須	モデルの概要情報
ModelExchange	なし	最低一方必須	ME の場合記述（内部に ModelIdentifier を持つ）
CoSimulation	なし	最低一方必須	CS の場合記述（内部に ModelIdentifier を持つ）
UnitDefinitions	任意	任意	単位、表示単位の定義
TypeDefinitions	任意	任意	変数のタイプの定義
LogCategories	なし	任意	設定可能なログ情報のリスト
DefaultExperiments	任意	任意	デフォルトの解析設定値（終了時間など）
VendorAnnotations	任意	任意	ベンダごとの注記
ModelVariables	任意	必須	変数の定義（1.0 では入出力などの区分）
Implementation	任意	廃止	1.0 の CS の際に使用する CS の区分
ModelStructure	なし	必須	変数の入出力種別と依存性説明

modelDescription.xml は必須のファイルで、FMU に関する各種の情報を XML 文書形式で格納しています。表 6-1 に、modelDescription.xml の最上位の代表的な項目を示します。一方、model.png は、FMU のホストツール上で表示する画像データファイルで、使用は任意です。documentation、source、binaries、resources は、それぞれフォルダです。documentation フォルダには、FMU を説明するための

HTML形式のファイル群を保存します。また、sources フォルダは、モデルのソースコードを入れるフォルダであり、resources フォルダは、FMU で使用するデータなどを入れるフォルダです。ただしこれらの使用は任意とされています。binaries フォルダには、win32、win64、linux32、linux64 の 4 つのサブフォルダを持つことが可能で、最低でも 1 つのサブフォルダの中に、対応する実行形式のプログラムライブラリ（Windows 系では DLL、Linux 系では SO）を格納しなければならないことになっています。binaries フォルダには、ME、CS の一方または双方の実行モジュールを格納することができます。

6.3　FMI によるモデル接続時の留意点

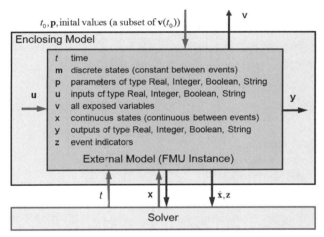

図 6-4　ME での FMU 内の信号フロー［15］

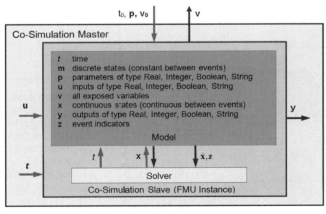

図 6-5　CS での FMU 内の信号フロー［15］

図 6-4 に ME の、図 6-5 に CS の FMU 内部でのデータフローを示します [15]。ここで、赤い線 (u, x, t, t_0, p, v_0) は、ホストツールから FMU に与えられるデータフロー、青い線 ($\dot{x}, z, v, y$) は、FMU からホストツールに返されるデータフローを表しています。注意すべきことは、FMU では、必ず入力 u と出力 y が指定されていないといけないことです。これは、Modelica 言語や VHDL-AMS 言語などの非因果的モデリングツールで作成したモデルであっても、FMU を作成するときは、入力と出力を陽に指定しないといけないことを意味しています。このようなモデル接続のやり方を、因果的接続（causal model connection）と呼びます。因果的接続では、接続するモデル同士の間で、入力・出力するデータの向きや極性の整合を取っておく必要があり、モデルをやり取りする双方で、あらかじめ取り決めておかなければなりません。

一方、因果的接続のもう一つの課題として、前述のように、代数ループが発生する可能性が挙げられます。図 6-6 に示すように、複数の FMU を接続した時に、それぞれの FMU の入力と出力の間に、微分積分演算を含まない代数的な制約関係があると、代数ループとなります。特に、ME の場合、それぞれの FMU の入力と出力の間に、図 6-6 の下の例のような接続をすると、それぞれの入出力信号は、演算周期ごとに収束計算で真の値を推定しないといけなくなります。このような収束計算を行えるかどうかや、その場合の計算精度などは、ホストツールのソルバの性能に依存し、場合によっては、計算が不

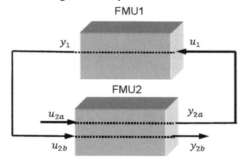

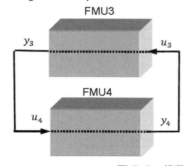

図 6-6　代数ループの構造 [17]

能になったり、非常に演算時間がかかることにもなり得ます。従って、FMU などの因果的接続でモデルを接続する場合、代数ループが生じないように、元のモデルの構造を考慮しておくことが望まれます。万一、代数ループが発生した場合でも、5.3 節で述べたように、ループを一巡した伝達関数のゲインの絶対値が 1 以下であれば、計算が発散することは避けられます。

ME と CS によるモデル接続の特徴を、表 6-2 にまとめます。

表 6-2　ME と CS によるモデル接続の特徴

項　　目	ME	CS
ソルバ	FMU に含まれない	FMU に含まれる
異なる FMU での個別ソルバの適用	不可能（ホストツールのソルバのみ使用可）	可能
入力〜出力信号間の遅れ	なし	1 計算周期の遅れ発生
代数ループ発生の可能性	あり	なし

6.4　FMI を用いたサブモデルの非因果的モデリング環境での接続法

6.4.1.　アダプタモデル

6.3 節で述べたように、FMI によるモデル接続は因果的接続となるため、接続する FMU 間の入力と出力の向きを整合させておかなければなりません。しかし、一般には、異なる部署や会社間でモデルをやり取りする際、入力と出力の向きが整合していない場合が生じ得ます。また、前述のように、ME でモデル接続する場合には、代数ループが発生する可能性もあり得ます。これらの課題に対応するため、筆者も所属する公益社団法人自動車技術会の「自動車制御とモデル部門委員会」「FMI 活用・展開検討 WG」において、非因果モデリングツールを用いたモデル接続手法が検討されました［18］［19］。FMU を非因果的モデリングツールに結合させるためには、因果的接続のための信号ポートと、非因果的モデリングツールでの物理ポートをインターフェイスするためのコネクタモデルが必要となります。図 6-7 に示す電気系のモデルを例に、コネクタモデル、および、非因果ツールによる FMU 接続のやり方について、以下に説明します。

図 6-7　Causal connection of acausal electrical model

図 6-7 で、四角で囲まれた内部は、電圧源の非因果モデルです。非因果の電気系コネクタでは、それぞれ、電圧（E）と電流（I）の二つの物理量が定義されています。Modelica 処理系では、一般に、電流などのスルー変数は、部品に流入する方向を正とするように取り決めます。非因果的モデリングツールでこのようなモデル同士を接続すると、接続点では、すべての接続されている要素部品のアクロス変数は同じ値となり（電気系の場合は、Kirchhof の電圧則に相当）、一方、すべての要素部品のスルー変数の総和は零となる（電気系の場合、Kirchhof の電流則に相当）ような制約条件を追加して、モデル全体が計算されることは、前述のとおりです。従って、FMU を非因果的モデリングツールに取り込んで接続できれば、スルー変数やアクロス変数の向きによらず、上記の制約条件が自動的に追加されて計算が行われることになります。以上の原理により、非因果的モデリングツールを用いて、FMU を接続する手法を検討しました。

一方、モデルを FMU 化して、因果的接続できるようにするためには、スルー変数とアクロス変数の各シグナルを外部に入力または出力するように変換する必要があります。そのため、図 6-7 の非因果的モデルの両端に示されているように、因果的なシグナルフローの端子（図中で三角で示される）と非因果の物理ポート（図中で四角で示される）を変換するアダプタを追加します。

■ 6.4.2. アダプタモデルの極性

図 6-7 の左側に接続されたアダプタモデルでは、電圧（E_0）を入力とし、電流（I_0）を出力します。一方、右側のアダプタモデルでは、電圧（E_1）を出力とし、電流（I_1）を入力とします。それぞれのアダプタでは、非因果コネクタでのスルー変数（電流）の流入側を正とする取り決めから、図 6-8 に示すような関係式が成立します。結果的に、各アダプタ内での、非因果物理ポートの物理量（$*_{acausal}$）と、因果的変数ポートの信号（$*_{causal}$）の間には、以下の関係式が成立します。

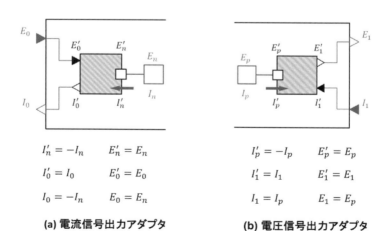

$$I'_n = -I_n \qquad E'_n = E_n$$
$$I'_0 = I_0 \qquad E'_0 = E_0$$
$$I_0 = -I_n \qquad E_0 = E_n$$

(a) 電流信号出力アダプタ

$$I'_p = -I_p \qquad E'_p = E_p$$
$$I'_1 = I_1 \qquad E'_1 = E_1$$
$$I_1 = I_p \qquad E_1 = E_p$$

(b) 電圧信号出力アダプタ

図 6-8　アダプタモデルの中での変数の関係

スルー変数（電流）を出力するアダプタ：

$$E_{acausal} = E_{causal} \tag{6-1}$$
$$I_{acausal} = I_{causal} \tag{6-2}$$

アクロス変数（電圧）を出力するアダプタ：

$$E_{acausal} = E_{causal} \tag{6-3}$$
$$I_{acausal} = -I_{causal} \tag{6-4}$$

以上の変換式を組み込んだアダプタモデルを、モデルを出力する非因果的モデリングツールごとに作成します。電気系のアダプタの例を、図6-9に示します。また、1次元回転機械系のアダプタモデルの例を、図6-10に示します。

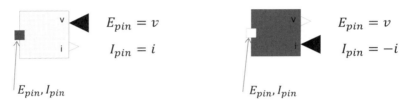

(a) 電流信号出力アダプタ　　　(b) 電圧信号出力アダプタ

図6-9　電気系のアダプタモデル

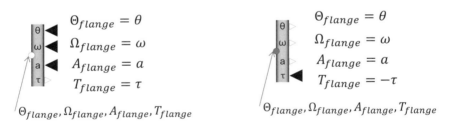

((a) トルク信号出力アダプタ　　(b) 角度信号出力アダプタ

図6-10　一次元回転機械系のアダプタモデル

6.4.3. ベンチマークモデルによる提案手法の検証

文献［19］において、検証用ベンチマークモデルを作り、それを用いて、一つの非因果的モデリングツール上で提案手法によるモデル接続の検証を行った事例について紹介しました。ベンチマークモデルとしては、図6-11に示すような、PI制御器とDCモータ、回転ダンパ系を結合した簡単な制御システムモデルを想定しました。図6-12に、本ベンチマークモデルの物理イメージを示します。

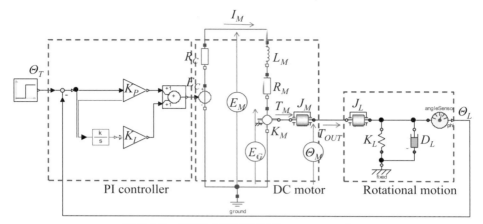

図 6-11　簡単な回転機械制御システムモデル

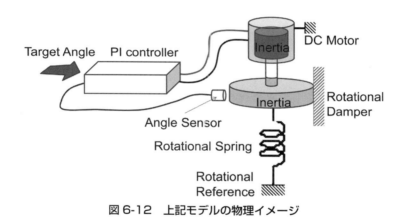

図 6-12　上記モデルの物理イメージ

　提案手法による FMI を用いたモデル接続のやり方を以下に示します。まず、DC モータ部を FMU 化して、元のモデルと入れ替える場合を考えます。DC モータモデルの接続部は、上下には電気系の、右側には 1 次元回転機械系の物理ポートがあるため、それぞれの物理ポートに、因果的接続のためのアダプタを接続して FMU 化します。FMU 化するモータモデルを、図 6-13 に示します。一方、FMU 化したモータモデルを元の非因果の物理モデルに取り込み、結合するためには、FMU の入出力信号を非因果の物理ポートと接続するため、FMU 化したのと逆の関係のアダプタを間に挟んで接続します。アダプタを介して、FMU 化したモータモデルを元の非因果的物理モデルと結合したモデルを、図 6-14 に示します。図 6-12 のモデルの、3 つのサブシステムごとに FMU 化したモデルを、それぞれ元の非因果的モデルと入れ替えた場合について、シミュレーション結果が一致することが確認されました。なお、その際のモデル接続方式としては、ME が用いられました。

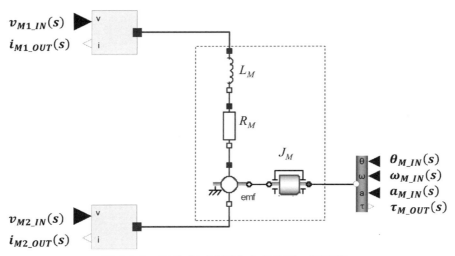

図 6-13 アダプタを結合した DC モータモデル

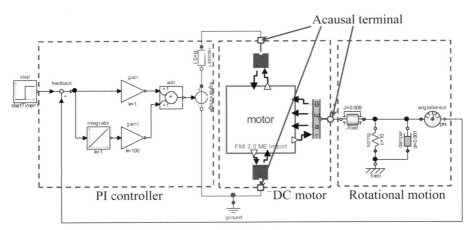

図 6-14 DC モータの FMU を取り込んだ元のシステムモデル

6.4 FMI を用いたサブモデルの非因果的モデリング環境での接続法

7. モデルベースシステム開発の適用事例

7.1 将来電動車のモデルベース開発によるシステム構成の検討

本節では、トヨタ自動車未来研究部において著者らが行った将来電動車のモデルベース開発の適用研究例 [20][21] について紹介します。

7.1.1. 車両諸元と特徴

表 7-1 に研究用新電動車と従来車両の諸元比較を示します。新電動車はバッテリーやパワートレーンの低床最適配置により、従来車両より軽量・低慣性モーメント・低重心である一方、省エネタイヤの採用により、タイヤの転がり抵抗は小さいが、コーナリングパワーも小さいという特徴を有します。この結果、エネルギ消費や運動性には有利ですが、横風などの外乱に対する安定性は不利となることが予想されます。この課題に対応するため、新電動車は、図 7-1 に示すようなトルクベクタリングデフ機構付一体型電動パワーユニット [22] を採用し、左右の駆動・制動トルクの配分を制御することで車両のヨー運動をアクティブ制御する構成としました。そして、車両全体の運動性能とエネルギ消費の予測を行うため、トルクベクタリングユニットのギヤトレインモデル、メインモータ・制御モータの電気回路モデル、車両ボデー・サスペンションの3次元マルチボデー機構モデル、空気抵抗・路面摩擦などの走行環境モデルなどから成る車両統合モデルを開発しました。

表 7-1　研究用新電動車と従来車両の諸元比較

	新電動車	従来車両
車両質量	750 kg	1240 kg
車両ヨー慣性モーメント	869 kgm2	2104 kgm2
前後輪重量配分	0.48 : 0.52	0.62 : 0.38
車両重心高	0.38 m	0.55 m
タイヤ転がり抵抗係数	5×10^{-3}	8.8×10^{-3}
タイヤ正規化コーナリング係数	16.1	20.4

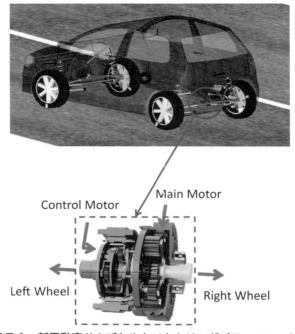

図 7-1　新電動車およびトルクベクタリングパワーユニット図

■ 7.1.2. パワートレイン構成とそのモデル

図 7-2 にトルクベクタリングデフ一体電動パワーユニットの構成図を示します。トルクベクタリングデフの制御としては、目標ヨーレイトと実ヨーレイトの差を制御モータパワーとしてフィードバック制御（P 制御、PI 制御）するものとしました。

図 7-2 に示すように、本トルクベクタリングデフ一体電動パワーユニットは、複数のプラネタリギヤ

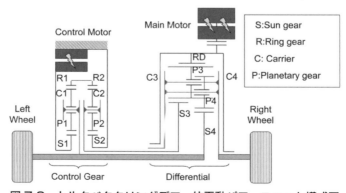

図 7-2　トルクベクタリングデフ一体電動パワーユニット構成図

7. モデルベースシステム開発の適用事例

要素が複雑に相互接続した構成となっています。図7-2の右半分の2組のプラネタリギヤがデフ機構を実現し、左半分の2組のプラネタリギヤが左右輪へのトルク配分機構を実現しています。本ギヤユニットの動作と性能を、Modelicaによるギヤユニットモデルを構築して検証しました。

図7-3に、本トルクベクタリングデフ一体電動パワーユニットのModelicaモデルの構成を示します。ギヤトレインは、サンギヤ-ピニオンギヤ、ピニオンギヤ-キャリヤ、ピニオンギヤ-リングギヤなどの構成要素ギヤの噛合いモデルに分解され、各ギヤ噛合いモデルの中では、各ギヤでのトルクと回転数の変換関係、摩擦に相当する機械損失の項などの方程式が記述されています。そして、これらのギヤ噛合い要素を、ギヤトレイン構成図と同じように接続することで、ギヤトレインユニット全体のModelicaモデルが作成されます。

本ギヤトレインモデル単体での検証結果を以下に示します。図7-4は、ある動作状態の時の各ギヤの

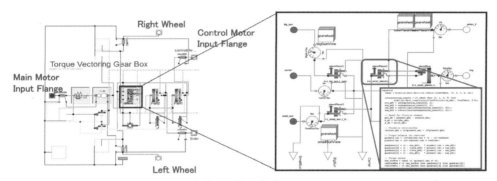

図7-3　トルクベクタリングデフ一体電動パワーユニットのModelicaモデル

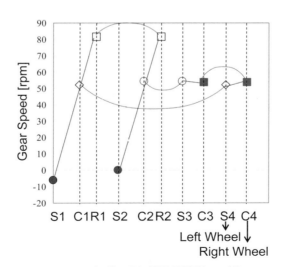

図7-4　各ギヤ回転数計算結果の一例

7.1　将来電動車のモデルベース開発によるシステム構成の検討

回転数をプロットしたものです。ギヤ機構の共線図から得られる回転数の関係と一致することが確認できました。また、図 7-5 には、制御モータパワーを増加させた時の、左右輪へのトルク配分結果を示します。制御モータパワーが 0 の時は、通常のデフと同様、左右輪へのトルク配分比は 50：50 ですが、制御モータパワーを増大させると、左右トルク配分を、通常の LSD（リミテッドスリップデフ）機構の限界である 0：100 または 100：0 を超えて、負の駆動トルクを片方の輪に与えることも可能であることが分かりました。

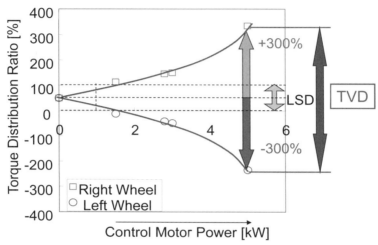

図 7-5　制御モータパワーに応じた左右輪トルク配分性能の検討結果

■7.1.3. 電気系システムとそのモデル

次に、メインモータ、及び、制御モータの電気系モデルについて説明します。本システムのメインモータ、制御モータは、共に、永久磁石式同期モータ（PMSM：Permanent Magnetic Synchronous Motor）です。

図 7-6 に、モータの制御系および電気系モデルの構成図を示します。この電気系サブシステムへは、目標モータトルクが指示入力として与えられ、モータ電気系に対して、電流フィードバック制御を行います。モータ電気系は、図 7-7 に示されるような、一般的な dq 軸等価回路モデルで表されています。本回路モデルでは、以下の電流、電圧の関係式が成り立ちます。

$$i_d = i_{od} + i_{cd}, \quad i_q = i_{oq} + i_{cq} \tag{7-1}$$

$$\begin{bmatrix} v_d \\ v_q \end{bmatrix} = R_a \begin{bmatrix} i_{od} \\ i_{oq} \end{bmatrix} + \left(1 + \frac{R_a}{R_c}\right) \begin{bmatrix} v_{od} \\ v_{oq} \end{bmatrix} + p \begin{bmatrix} L_d & 0 \\ 0 & L_c \end{bmatrix} \begin{bmatrix} i_{od} \\ i_{oq} \end{bmatrix} \tag{7-2}$$

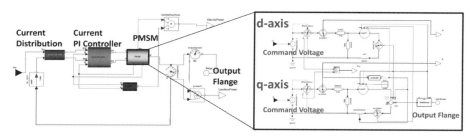

図 7-6 モータの電気系、制御系の Modelica モデル

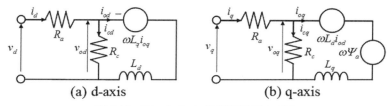

図 7-7 モータの dq 軸等価回路モデル

$$\begin{bmatrix} v_{od} \\ v_{oq} \end{bmatrix} = \begin{bmatrix} 0 & -\omega_e L_q \\ \omega_e L_d & 0 \end{bmatrix} \begin{bmatrix} i_{od} \\ i_{oq} \end{bmatrix} + \begin{bmatrix} 0 \\ \omega_e \Psi_a \end{bmatrix} \tag{7-3}$$

ここで、v_d、v_q：d, q 軸電圧、i_d, i_q：d, q 軸電流、ω_e：電気角速度、R_a：巻線抵抗、R_c：等価鉄損抵抗、L_d, L_q：d, q 軸インダクタンス、Ψ_a：鎖交磁束です。

極対数を P_n とすれば、これを解いて得た電流からモータトルク τ_m を次のように計算できます。

$$\tau_m = P_n \left[\Psi_a i_{oq} + \left(L_d - L_q \right) i_{od} i_{oq} \right] \tag{7-4}$$

このときの銅損 L_{Cu} と鉄損 L_{Fe} は次式で表すことができます。

$$L_{Cu} = R_a I_a^2 = R_a \left(i_d^2 + i_q^2 \right) \tag{7-5}$$

$$L_{Fe} = \frac{v_{od}^2 + v_{oq}^2}{R_c} = \frac{\omega_e^2 \left[\left(L_d i_{od} + \Psi_a \right)^2 + \left(L_q i_{oq} \right)^2 \right]}{R_c} \tag{7-6}$$

インバータについては、次式のようにモータの電流ベクトルに比例する損失 L_{Inv} が発生するものとして簡易的に扱います。

$$L_{Inv} = \kappa I_a \tag{7-7}$$

上記の銅損、鉄損、インバータ損の和で、メインモータ、制御モータそれぞれの電気損失を計算します。（j = 1：メインモータ、j = 2：制御モータ）

$$L_{ej} = L_{Cuj} + L_{Fej} + L_{Inv} \tag{7-8}$$

既存のモータに対しては、(7-2) 式、(7-3) 式の中に出てくる各種パラメータの同定値を用いて、(7-4) 式よりトルク、(7-8) 式より電気損失を計算し、図 7-8 に示すようなモータ特性線図を書くことができます。一方、検討段階では、所望のモータ特性線図から、モータパラメータを逆算して求め、モータ設計にフィードバックすることもできます。

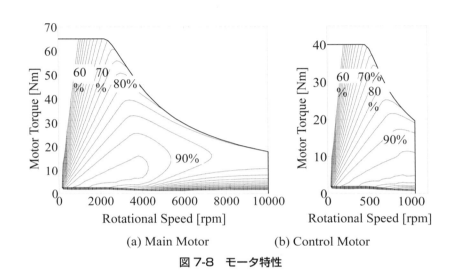

(a) Main Motor　　　　(b) Control Motor

図 7-8　モータ特性

(7-8) 式で示す電気損失に、トルクベクタリングデフの機械損失、車両運動の機械仕事率を足して、以下のように、車両全体の総エネルギ消費量を計算します。[23]

$$P_e = P_v + L_{mj} + \sum_{j=1}^{2} L_{ej} \tag{7-9}$$

$$P_v = P_{rr} + P_{ar} + P_{sy} + P_{sx} \tag{7-10}$$

ここで、P_e：エネルギ消費総和、P_v：機械仕事率、L_{mj}：トルクベクタリングデフ機械損失、L_{ej}：モータインバータ電気損失です。トルクベクタリングデフ機械損失 L_{mj} は、正確な理論計算が難しいため、95%の一定効率と仮定して計算を行いました。また、P_{rr}：タイヤ転がり抵抗仕事率、P_{ar}：空力抵抗仕事率、P_{sy}：旋回抵抗仕事率、P_{sx}：前後方向走行抵抗仕事率であり、文献 [23] に示される計算式により、以下のように、理論的に計算することができます。

タイヤ転がり抵抗仕事率：

$$P_{rr} = \mu_r m g \times V \tag{7-11}$$

空力抵抗仕事率：

$$P_{ar} = \rho A C_D V^2 / 2 \times V \tag{7-12}$$

旋回抵抗仕事率：

$$P_{sy} = \left[\left(\frac{l_r^2}{K_f} + \frac{l_f^2}{K_r} \right) \frac{(mA_y)^2}{2l^2} - \left(\frac{l_r}{K_f} - \frac{l_f}{K_r} \right) \frac{mA_y}{l^2} M_z + \left(\frac{1}{K_f} + \frac{1}{K_r} \right) \frac{M_z^2}{2l^2} \right] \times V \tag{7-13}$$

前後方向走行抵抗仕事率：

$$P_{sx} = (mA_x + mg\sin\theta) \times V \tag{7-14}$$

但し、ここで

- μ_r ：タイヤ転がり抵抗係数（RRC：rolling resistance coefficient）、
- g ：重力加速度 [m/s²]、
- m ：車両質量 [kg]、
- V ：車両速度 [m/s]、
- ρ ：空気密度 [kg/m³]、
- A ：車両前面投影面積 [m²]、
- C_D ：車両空力抵抗係数、
- l_f ：前輪〜重心間距離 [m]、
- l_r ：後輪〜重心間距離 [m]、
- l ：ホイールベース [m]、
- M_z ：ダイレクトヨーモーメント [Nm]、
- K_f ：前輪コーナリングパワー [N/rad]、
- K_r ：後輪コーナリングパワー [N/rad]、
- A_y ：車両横加速度 [m/s²]、
- A_x ：車両前後加速度 [m/s²]、
- θ ：路面勾配 [rad]

です。

左右駆動トルク差による車両への直接ヨーモーメント制御（Direct Yaw moment Control：DYC）トルク N-DYC は、次式で計算します。

$$N - DYC = \frac{\tau_{rr} - \tau_{rl}}{r_t} \times d_r \tag{7-15}$$

ここで、τ_{rr}：右後輪駆動トルク、τ_{rl}：左後輪駆動トルク、r_t：タイヤ半径、d_r：後輪トレッド（左右タイヤ間距離）。また、車両の Modelica モデルから計測できる各車輪回転角速度を ω_i、駆動トルクを τ_i（i=1：左前輪、2：右前輪、3：左後輪、4：右後輪）とすると、車両運動から計算できる機械仕事率と

しては、

$$P_v = \sum_{i=1}^{4} \tau_i \omega_i \qquad (7\text{-}16)$$

で求められます。

　図7-9に、(7-16) 式による車両モデルからの機械仕事率と機械損失の和、車両モデルから計算される総エネルギ消費量と、理論式 (7-10) 式で計算された機械仕事率と機械損失の和、理論式 (7-9) 式で計算された総エネルギ消費量の比較を示します。車両モデルから車両運動量に基づいて計算された値は、理論式とよく一致していて、車両モデルの妥当性が確認されました。また、図7-9より、DYC制御トルクを増加させるにつれて、機械系の損失はあまり変わりませんが、電気系損失は目立って増加し、全消費エネルギも増加していくことが確認できました。

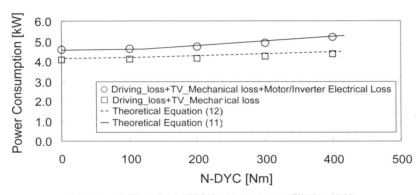

図7-9　車両モデルと理論値によるエネルギ損失の比較

■7.1.4. シャシーモデル

　次に、車両のサスペンション、および、ステアリング機構のモデルについて、説明します。これらの機構モデルは、図7-10に示すような、3次元のマルチボデーダイナミクスモデルで作られています。サスペンションは、3次元的に配置された各リンケージアーム、および、それらを繋ぐジョイントやブッシュのモデルから構成されていて、タイヤやブッシュは、実物と同様な、非線形の特性が与えられています。タイヤモデルとしては、実計測データを非線形関数でフィッティングした'Magic Formula (Pacejka02)' モデルを使用しました。また、ステアリング系モデルでは、シャフトの回転方向剛性や、摩擦の影響も考慮されています。これらのモデルにより、サスペンション・ステアリング系のみでも、詳細な特性シミュレーションが可能となっています。

　本サスペンション、ステアリングモデルを検証するため、実車で行われるシャシ特性試験 (Kinematics and Compliance Test：K&C試験) と同等の試験をシミュレーションできる仮想K&C試験ベンチのモデルも開発しました。図7-11に仮想K & C試験モデルを示します (左：Modelicaモデルの最上位層、右：

シミュレーションのアニメーション結果の一例)。

既存車両のサスペンション諸元を用いたシミュレーション結果と実試験結果の一例を図 7-12 に示します。ほぼ実測と同等のシミュレーション結果が得られており、本サスペンションモデルの妥当性が確認されました。

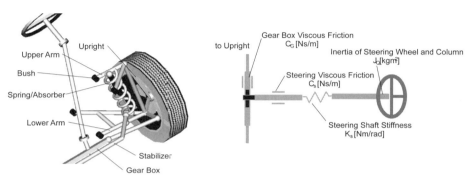

図 7-10　サスペンション、ステアリング系モデル構造図

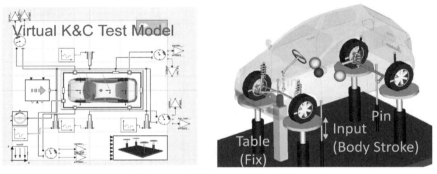

図 7-11　仮想 K&C 試験モデル

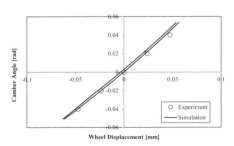

(a) Camber angle VS wheel) displacement (roll

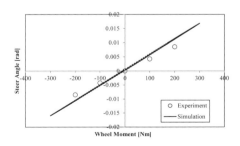

(b) Steer angle VS wheel aligning torque

図 7-12　サスペンション持性（K&C 試験）シミュレーション結果例

7.1　将来電動車のモデルベース開発によるシステム構成の検討

■ 7.1.5. 車両統合モデル

図 7-13 に Modelica による車両全体モデルのトップ階層と 1 段下の階層を示します。車両運動モデル（図 7-13 中の "Vehicle" モデル）としては、サスペンション・ステアリングモデルに加えて、非線形なタイヤモデルや、ボデーの空力特性、路面条件（摩擦係数、凹凸など）や走行環境（空気密度、温度、横風など）の影響も考慮されています。一方、駆動系制御モデル（図 7-13 中の "Control" モデル）としては、前述のトルクベクタリング機構一体型パワートレインの駆動系モデルに、モータ、インバータなどの電気系モデル、および、制御ロジックモデルを加えたものとなっています。制御ロジックとしては、前述のように、目標ヨーレイトと実ヨーレイトの差をフィードバック制御するものとなっています。

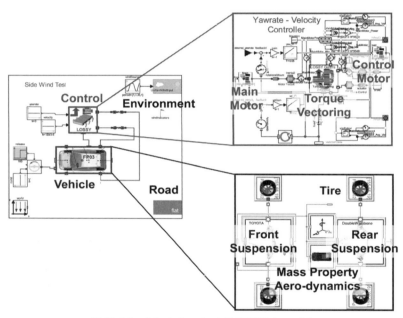

図 7-13　Modelica による車両統合モデル

■ 7.1.6. 車両統合モデルによるシミュレーション

本モデルを用いて 120km/h での横風試験をシミュレーションした結果を図 7-14 に示します。制御により車両横流れ量が低減できていることが分かります。また、メインモータ、制御モータの消費電力も推定できています。また、60km/h 定常円旋回時の制御あり・なしでの車体スリップ角とモータ消費パワーの比較を図 7-15 に示します。制御ありでは、車体スリップ角が減少し、走行抵抗損失が減る分メインモータの消費パワーは減少しますが、制御モータの消費パワーが特に電気損失の増大により増え、全体としては消費パワーが増加することが確認できました。

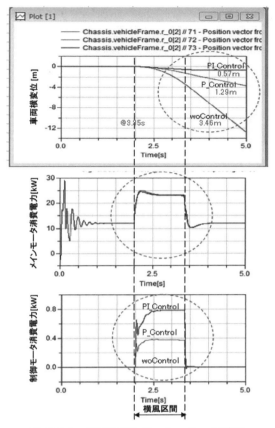

図 7-14 横風試験シミュレーション結果

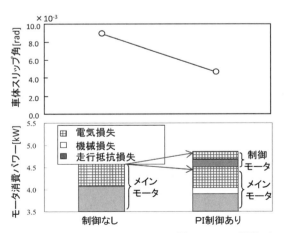

図 7-15 定常旋回時の車体スリップ角とモータ消費パワー

7.1 将来電動車のモデルベース開発によるシステム構成の検討 157

■ 7.1.7. 仮想走行試験シミュレーション

　Modelicaによる車両統合モデルでは、横風試験や定常円旋回試験などの比較的単純な走行試験のシミュレーションは可能ですが、実走行環境に近い複雑なコース形状や、ドライバの運転操作行動なども考慮した詳細な仮想走行試験のシミュレーションは、やり易くありませんでした。そこで、Modelicaで作られた詳細な機構や電気系モデルを、FMI（Functional Mockup Interface）を介して、仮想走行試験ソフトに切り出すことを行いました。仮想走行試験ソフトとしては、IPG CarMakerを使用し、Modelicaソフトからは、トルクベクタリングデフ機構と電気制御系モデルを、FMI仕様に準拠した実行モジュール（FMU：Functional Mockup Unit）として、切り出しました。図7-16に、全体のシミュレーション環境の構成図を示します。走行コースのモデルは、実在の山岳路サーキットコースのデータを用いて作成しました。

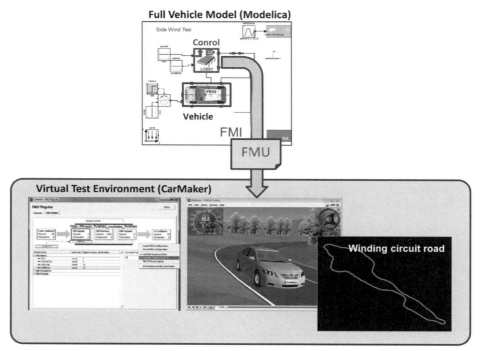

図7-16　FMIによる仮想走行試験環境へのパワートレーンModelicaモデルの切り出し

　図7-17（a）に、平均的なドライバの運転行動を模擬したドライバモデルを用いて、本山岳路コースを走行した時の、タイヤ転がり抵抗仕事率（(7-11)式）、空力抵抗仕事率（(7-12)式）、旋回抵抗仕事率（(7-13)式）の時系列計算結果を示します。また、図7-17（b）には、総機械仕事率（(7-10)式）の計算結果を示します。減速時には、制動エネルギが回生されることを想定して、総機械仕事率は負の

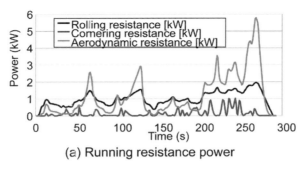

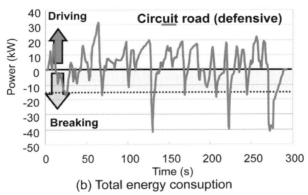

図 7-17　仮想走行試験によるサーキット路走行時のエネルギ消費

値となっています。ここで、想定される回生エネルギを吸収可能なバッテリーやモータのパワー容量について検討を行いました。当初、本実験車のバッテリーおよび駆動モータのパワー容量設計値は 15kW でしたが、これでは、山岳路走行時の全回生エネルギを吸収できないことが分かりました。更に、他の走行モード（燃費測定用走行モード JC08 と US06、及び、本山岳路をアグレッシブに走った時）の駆動・制動パワーと計算すると、図 7-18 のようになり、US06 や山岳路走行では、15kW のバッテリー、モータ容量では、回生できないパワーが発生することが確認されました。そこで、バッテリー、モータ容量をパラメータにして、仮想走行試験を行い、各種走行モードでのエネルギ消費率を計算すると、図 7-19 のような結果となりました。JC08 モード走行時は、もともと 15kW の容量で全エネルギを回生可能であるため、容量を増やしても変化はありませんが、山岳路走行では、走り方を激しくすると、バッテリー容量を増やした方がエネルギ消費率が改善することが示されました。本検討結果を用いて、最終的な車両のバッテリー容量が決定されました。また、回生可能エネルギ増大による機械式ブレーキの小型化や、バッテリー容量増加に伴う車両重量増加の影響も同時に検討することができました。

7.1　将来電動車のモデルベース開発によるシステム構成の検討

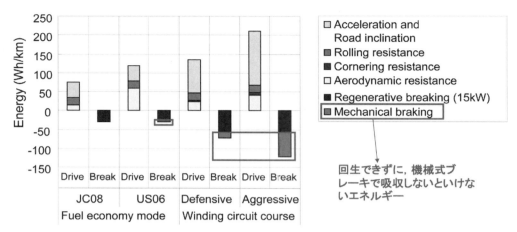

図 7-18　各種走行モード・条件での走行エネルギ比較

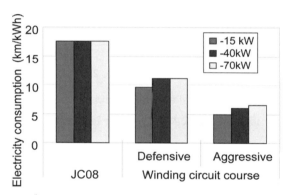

図 7-19　バッテリー、モータ容量によるエネルギ消費率の検討結果

7.2　トルクベクタリングディファレンシャルのモデルマッチング制御

本賞では、7.1 章で用いたトルクベクタリング機構付き電動車のトルクベクタリングディファレンシャル（TVD：Torque Vectoring Differential）の制御開発への Modelica の応用について、説明します。

7.2.1.　車両運動モデル

図 7-20 は、車両運動のモデルを示します。このモデルの運動方程式は、以下のようになります。

$$M\frac{dV}{dt} = F \approx (X_{fr} + X_{fl})\cos\delta_f + (X_{rr} + X_{rl}) \tag{7-17}$$

160　7.　モデルベースシステム開発の適用事例

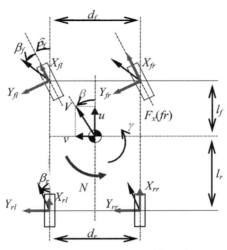

図 7-20 車両運動の二輪モデル

$$M\frac{d}{dt}\left(V\tan^{-1}\beta + V\gamma\right) \approx Y_{fl} + Y_{fr} + Y_{rl} + Y_{rr} \tag{7-18}$$

$$I_z\frac{d\gamma}{dt} \approx l_f(Y_{fl} + Y_{fr})\cos\delta_f - l_r(Y_{rl} + Y_{rr}) + N \tag{7-19}$$

$$N = d_f(X_{fr} - X_{fl})\cos\delta_f + d_r(X_{rr} - X_{rl}) \tag{7-20}$$

ここで、

- β ：車体スリップ角、
- Y ：車両ヨーレイト、
- M ：車両重量、
- V ：車体速度、
- I_z ：車両のヨー慣性モーメント、
- $l_f(l_r)$ ：前（後）車軸と車両重心（CG：Center of Gravity）間の距離、
- $d_f(d_r)$ ：前（後）輪のトレッド、
- X^{**} ：各輪タイヤの前後力、
- Y^{**} ：各輪タイヤの横力、
- δ_f ：前輪操舵角、
- F ：車両駆動力、
- N ：TVD による直接ヨーモーメント制御（DYC：Direct Yaw-rate Control）トルク

■ 7.2.2. 車両運動モデルの簡略化

(7-17) ～ (7-20) 式を使って、車両運動モデルを簡略化します。まず、前後の左右各輪タイヤに働く横力は同じと仮定します。($Y_{fl} = Y_{fr} = Y_f, Y_{rl} = Y_{rr} = Y_r$)。前輪操舵角は小さいとして、$\cos\delta_f \approx 1$ と仮定します。また、車体スリップ角 β は小さいとして、$\tan^{-1}\beta \approx \beta$ と仮定します。TVD 駆動機構は、後輪のみついているので、タイヤ前後力は後輪のみ考慮します。以上の仮定を置くと、車両運動モデルの方程式は、以下のようになります。

$$M\frac{dV}{dt} = F = (X_{rr} + X_{rl}) \tag{7-21}$$

$$MV\left(\frac{d\beta}{dt} + \gamma\right) = 2Y_f + 2Y_r \tag{7-22}$$

$$I_z \frac{d\gamma}{dt} = 2l_f Y_f - 2l_r Y_r + N \tag{7-23}$$

但し、

$$Y_f = -K_f \beta_f = -K_f \left(\beta + \frac{l_f}{V}\gamma - \delta_f\right) \tag{7-24}$$

$$Y_r = -K_r \beta_r = -K_r \left(\beta - \frac{l_r}{V}\gamma\right) \tag{7-25}$$

$$N = d_r (X_{rr} - X_{rl}) \tag{7-26}$$

ここで、K_f と K_r は、前輪・後輪の等価コーナリングパワー係数、β_f, β_r は、前輪・後輪のタイヤスリップ角です。等価コーナリングパワー係数は、7.1.1 節で述べた、サスペンション・ステアリング機構のブッシュの弾性や摩擦特性も考慮に入れたモデルを使って計算することができます。

タイヤで発生する横力は、(7-24) 式、(7-25) 式で表されるように、等価コーナリングパワー係数×スリップ角で表されますが、等価コーナリングパワー係数は、サスペンション特有の各種特性により、影響を受けます。タイヤに横力が働いた時に、リンク配置の影響やブッシュの撓みによりタイヤには微小にステア角が付きます（横力ステア）。また、キャンバ角も付き、それによってキャンバスラスト力が発生します（横力キャンバ）。また、タイヤに働く回転復元トルク（セルフアライニングトルク）によりステア角が発生します（セルフアライニングトルクステア）。更に、車体のロール運動によっても、サスペンションのリンク配置によってステア角（ロールステア）やキャンバ角（ロールキャンバ）が付きます。これらの影響を考慮して、タイヤ単体のコーナリングパワー係数に補正係数をかけて、実際の等価コーナリングパワー係数が計算されます。図 7-21 は、これらの影響を、7.1.1 節で述べた詳細なサスペンションモデルと仮想 K&C 試験モデルを使って、計算した結果を示します。ここで、各特性値の影響は、タイヤスリップ角による横力へのコーナリングパワーを 1 として正規化してあります。最終的に、前後それぞれのタイヤの等価コーナリングパワー係数は、次式の補正係数 ε_f, ε_r を使って、求めら

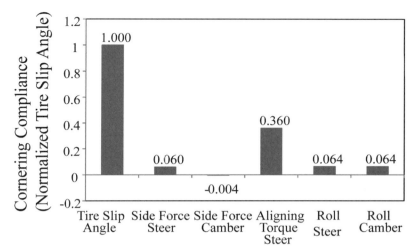

図 7-21　サスペンションの各種特性値からコーナリングパワー係数への寄与率比較

れます。

$$\varepsilon_{f,r} = \frac{\dfrac{1}{C_{f,r}}}{\dfrac{1}{C_{f,r}} + \left\{ W_{f,r}\left(\dfrac{\partial \delta}{\partial F}\right)_{f,r} + W_{f,r}\left(\dfrac{\partial \gamma}{\partial F}\right)_{f,r}\dfrac{C_{s_{f,r}}}{C_{f,r}} + W_{f,r}\zeta_{f,r}\left(\dfrac{\partial \delta}{\partial M}\right)_{f,r} + \phi\left(\dfrac{\partial \delta}{\partial \phi}\right)_{f,r} + \phi\left(\dfrac{\partial \gamma}{\partial \phi}\right)_{f,r}\dfrac{C_{s_{f,r}}}{C_{f,r}} \right\}}$$

$$K_f = \varepsilon_f C_f$$

$$K_r = \varepsilon_r C_r$$

ここで、C_f と C_r は、タイヤ単体でのコーナリングパワー係数です。ε_f、ε_r の式の分母の中括弧でくくられた部分は、それぞれ、図 7-21 に示された各種特性の影響を示しています。

後述の方法で、前後駆動力 F と、DYC モーメント N が計算されたとすると、TVD 制御で実現されるべき後輪の左右のタイヤの要求駆動力は、（7-21）と（7-26）式から、それぞれ、以下のように求められます。

$$X_{rr} = \frac{1}{2}\left(F + \frac{N}{d_r}\right) \tag{7-27}$$

$$X_{rl} = \frac{1}{2}\left(F - \frac{N}{d_r}\right) \tag{7-28}$$

7.2.3. 前後駆動力制御則

車体速度、車両ヨーレイト、および、車体スリップ角の目標値を、それぞれ、V_{ref}、γ_{ref}、β_{ref} とします。
要求される車両前後駆動力 F は、(7-21) 式の逆モデルと PI フィードバック制御を使って、次式で計算されます。

$$F = M\frac{dV_{ref}}{dt} + K_{PF}(V_{ref} - V) + K_{IF}\int(V_{ref} - V)dt \tag{7-29}$$

ここで、K_{PF} は比例制御ゲイン、K_{IF} は積分制御ゲインです。

7.2.4. 車両旋回運動方程式

(7-22)、(7-23) 式から、TVD による DYC トルクを考慮に入れた車両の横方向旋回運動方程式は、車体スリップ角と車両ヨーレイトを状態変数として、以下のように求められます。

$$\frac{d}{dt}\begin{bmatrix}\beta\\\gamma\end{bmatrix} = \begin{bmatrix}-\dfrac{2(K_f+K_r)}{MV} & -1-\dfrac{2(l_fK_f-l_rK_r)}{MV^2}\\-\dfrac{2(l_fK_f-l_rK_r)}{I_z} & -\dfrac{2(l_f^2K_f+l_r^2K_r)}{I_zV}\end{bmatrix}\begin{bmatrix}\beta\\\gamma\end{bmatrix} + \begin{bmatrix}\dfrac{2K_f}{MV}\\\dfrac{2l_fK_f}{I_z}\end{bmatrix}\dfrac{\delta_s}{G_s} + \begin{bmatrix}0\\\dfrac{1}{I_z}\end{bmatrix}N \tag{7-30}$$

ここで、$\delta_f = \delta_s/G_s$ は、前輪操舵角です。(δ_s：ドライバによるステアリング操舵入力角、G_s：ステアリングギヤ比).

(7-30) 式の状態方程式を行列表現すると、下式のようになります。

$$\dot{x} = Ax + Bu + E\delta_s \tag{7-31}$$

$$x = \begin{bmatrix}\beta\\\gamma\end{bmatrix}, \qquad u = N$$

$$A = \begin{bmatrix}-\dfrac{2(K_f+K_r)}{MV} & -1-\dfrac{2(l_fK_f-l_rK_r)}{MV^2}\\-\dfrac{2(l_fK_f-l_rK_r)}{I_z} & -\dfrac{2(l_f^2K_f+l_r^2K_r)}{I_zV}\end{bmatrix} = \begin{bmatrix}a_{11} & a_{12}\\a_{21} & a_{22}\end{bmatrix} \tag{7-32}$$

$$B = \begin{bmatrix}0\\\dfrac{1}{I_z}\end{bmatrix} \tag{7-33}$$

$$E = \begin{bmatrix}\dfrac{2K_f}{G_sMV}\\\dfrac{2l_fK_f}{G_sI_z}\end{bmatrix} \tag{7-34}$$

ここで、(7-31) 式の行列 A は、(7-32) 式に示されるように、車両速度 V の関数となっていることに注意してください。つまり、このシステムは、時変システム（time-varying system）です。

7.2.5. 車両旋回運動の目標運動方程式

車体スリップ角と車両ヨーレイトの目標は、ドライバのステアリング操舵入力角の1時遅れ特性として、以下のように計算されます。

$$x_d = \begin{bmatrix} \beta_{ref} \\ \gamma_{ref} \end{bmatrix} = \begin{bmatrix} \dfrac{k_\beta}{1+s\tau_\beta} G_{\beta 0} \\ \dfrac{k_\gamma}{1+s\tau_\gamma} G_{\gamma 0} \end{bmatrix} \delta_s \tag{7-35}$$

ここで、$G_{\beta 0}$ と $G_{\gamma 0}$ は、それぞれ、目標車体スリップ角と目標車両ヨーレイトの操舵入力角に対する定常ゲイン、k_β と k_γ は、それに対する一次遅れゲイン、τ_β と τ_γ は、一次遅れ時定数です。$G_{\beta 0}$ と $G_{\gamma 0}$ は、(7-31) 式の定常状態を考えた式

$$0 = Ax_0 + E\delta_s \tag{7-36}$$

から、

$$x_0 = -A^{-1} E \delta_s$$

$$= -\frac{MI_z V^2}{4K_f K_r (l_f + l_r)^2 - 2MV^2 (l_f K_f - l_r K_r)} \begin{bmatrix} -\dfrac{4K_f K_r l_r (l_f + l_r)}{MI_z V^2} + \dfrac{2l_f K_f}{I_z} \\ \dfrac{-4K_f K_r (l_f + l_r)}{MI_z V} \end{bmatrix} \frac{1}{G_s} \delta_s \tag{7-37}$$

として、次式で計算されます。

$$\begin{bmatrix} G_{\beta 0} \\ G_{\gamma 0} \end{bmatrix} = -\frac{MI_z V^2}{4K_f K_r (l_f + l_r)^2 - 2MV^2 (l_f K_f - l_r K_r)} \begin{bmatrix} -\dfrac{4K_f K_r l_r (l_f + l_r)}{MI_z V^2} + \dfrac{2l_f K_f}{I_z} \\ \dfrac{-4K_f K_r (l_f + l_r)}{MI_z V} \end{bmatrix} \frac{1}{G_s} \tag{7-38}$$

(7-35) 式の状態空間表現は、以下のようになります。

$$\dot{x}_d = A_d x_d + E_d \delta_s \tag{7-39}$$

ここで、

$$A_d = \begin{bmatrix} -\dfrac{1}{\tau_\beta} & 0 \\ 0 & -\dfrac{1}{\tau_\gamma} \end{bmatrix}$$

$$E_d = \begin{bmatrix} \dfrac{k_\beta}{\tau_\beta} G_{\beta 0} \\ \dfrac{k_\gamma}{\tau_\gamma} G_{\gamma 0} \end{bmatrix}.$$

■ 7.2.6. TVDのモデルマッチング制御

以下では、目標状態変数に実状態変数を追従させるためのモデルマッチング制御を設計します。(7-39) 式を (7-31) 式から引いて、目標状態変数を実状態変数の差 e に対する方程式を作ります。

$$\dot{e} = Ae + Bu + (A - A_d)x_d + (E - E_d)\delta_s \tag{7-40}$$

$$e = x - x_d$$

今、仮想の制御入力 U を、下式のように想定します。

$$BU = Bu + (A - A_d)x_d + (E - E_d)\delta_s \tag{7-41}$$

すると、(7-40) 式は、以下のように簡単化されます。

$$\dot{e} = Ae + BU \tag{7-42}$$

(7-42) 式の線形システムに対して、フィードバックゲイン K を適切な線形フィードバック制御理論を用いて設計することができます。

$$U = -Ke \tag{7-43}$$

しかし、前述したように、システム行列 A は時変（車両速度依存）であるため、通常の方法では設計できません。そこで、極配置法を用いて、K を解析的に設計することにします。(7-42) 式と (7-43) 式を使って、以下の誤差システムの運動方程式を作ることができます．

$$\dot{e} = Ae - BKe = (A - BK)e \tag{7-44}$$

誤差 e に対する運動方程式 (7-44) 式の極を p_1 と p_2 ($p_1, p_2 < 0$) とし、フィードバックゲイン $K = [k_1, k_2]$ とすると、下記の式が成り立ちます。

$$|sI - (A - BK)| = (s - p_1)(s - p_2) \tag{7-45}$$

ここで、s はラプラス演算子、I は、単位行列です。上の式を要素に分解すると、

$$\left| s\begin{bmatrix} 1 & 0 \\ 0 & 1 \end{bmatrix} - \left(\begin{bmatrix} a_{11} & a_{12} \\ a_{21} & a_{22} \end{bmatrix} - \begin{bmatrix} 0 & 0 \\ \frac{k_1}{I_z} & \frac{k_2}{I_z} \end{bmatrix} \right) \right|$$
$$= s^2 - (a_{11} + a_{22} - \frac{k_2}{I_z})s + a_{11}(a_{22} - \frac{k_2}{I_z}) - a_{12}(a_{21} - \frac{k_1}{I_z})$$
$$= s^2 - (p_1 + p_2)s + p_1 p_2$$

となり、以下の関係式が得られます。

$$\begin{cases} (a_{11} + a_{22} - \frac{k_2}{I_z}) = (p_1 + p_2) \\ a_{11}(a_{22} - \frac{k_2}{I_z}) - a_{12}(a_{21} - \frac{k_1}{I_z}) = p_1 p_2 \end{cases} \quad (7\text{-}46)$$

この連立方程式（7-46）式を解析的に解くと、以下の k_1 と k_2 に対する解が得られます。

$$\begin{aligned} k_2 &= I_z(a_{11} + a_{22} - p_1 - p_2) \\ k_1 &= I_z \left\{ \frac{p_1 p_2 + a_{11}(a_{11} - p_1 - p_2)}{a_{12}} + a_{21} \right\} \end{aligned} \quad (7\text{-}47)$$

A 行列の要素（(7-32) 式参照）が入っているため、$K = [k_1, k_2]$ も、車速依存になります。(7-41) 式から、求める真の制御入力 $u\,(=N)$ は、次式で計算されます。

$$u = B^+ \{-BKe - (A - A_d)x_d - (E - E_d)\delta_s\} \quad (7\text{-}48)$$

ここで、B^+ は行列 B の擬似逆行列で、$B^+ = [0\ I_z]$. ($B^+B = 1$) となります。最終的に、求める制御入力 u は、次式で求められます。

$$u = -Ke - B^+(A - A_d)x_d - B^+(E - E_d)\delta_s \quad (7\text{-}49)$$

（7-49）式から、モデルマッチング制御の制御入力は、状態の誤差 e のフィードバック項と、目標状態とドライバの操舵入力からのフィードフォワード項を持った制御系となることが分かります。

図 7-22 は、極配置法によるフィードバックゲイン k_1 と k_2（$p_1 = -20, p_2 = -21$ の場合）の車速に対す

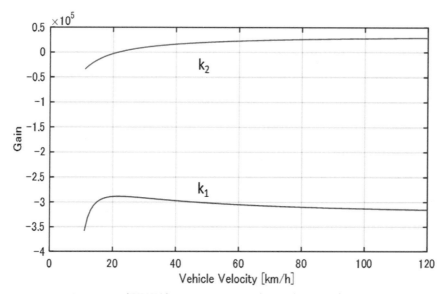

図 7-22 極配置法によるフィードバックゲインのプロット

る値をプロットしたものです。

　ここでは、極配置法を用いましたが、その他の線形制御理論を使ってフィードバックゲイン K を設計することも可能です。その場合は、車速に応じたシステム方程式を元に、各車速ごとのフィードバックゲインを求め、それらを、車速に応じてマップ補間して使うテーブルルックアップ制御の形を取ることになります。

■7.2.7. 二輪モデルによるシミュレーション結果

　上記のモデルマッチング制御の有効性を検証するため、Modelica を用いて、二輪モデルによるシミュレーション検討を行いました。

　まず、(7-31) 式から (7-34) 式で示される時変形システムを記述できるようにする必要があります。時変形の状態空間システムを記述するには、3 節で述べたように、Modelica Standard Library（MSL）にある状態空間システムを手直しした新しいクラスを定義します。具体的には、MSL の状態空間システムのモデルクラス定義にある、システム行列の parameter 宣言子を省くだけで実現できます。（parameter 宣言子は、その変数がシミュレーション実行中に値を変更できないという制約を与えるだけのものだからです。）新しいクラスの定義は、以下のようになります。

```
block StateSpace_Variable
  ...
  extends Modelica.Blocks.Interfaces.MIMO(final nin=size(B, 2), final nout=size(C, 1));
    Real A[:, size(A, 1)];
    Real B[size(A, 1), :];
    Real C[:, size(A, 1)];
    Real D[size(C, 1), size(B, 2)]=zeros(size(C, 1), size(B, 2)) ;
    output Real x[size(A, 1)](start=x_start) "State vector";
  equation
    der(x) = A*x + B*u;
    y = C*x + D*u;
  end StateSpace_Variable;
```

　これを使い、例えば二輪モデルの実プラントと、目標状態変数のモデル定義は、以下のようになります。

```
model SingleTrackModel
    ...
```

```
      Real c0 = 2*(kf+kr);
      Real c1 = 2*(lf*kf-lr*kr);
      Real c2 = 2*(lf*lf*kf+lr*lr*kr);
   ...
      StateSpace_Variable Actual_x(
        A=A,
        B=B,
        C=identity(2));
      StateSpace_Variable Desired_xd(
        A=Ad,
        B=Ed,
        C=identity(2));
   ...
   equation
      a11=-c0/m/v;
      a12=-1-c1/m/v/v;
      a21=-c1/iz;
      a22=-c2/iz/v;
      A={{a11, a12},
         {a21, a22}};
      B={{cf/m/v, 0},
         {cf*lf/iz, 1/iz}};
      Gb0=-m*iz*v*v/(cf*cr*l*l-m*v*v*c1)*(-cf*cr*lr*l/m/iz/v/v + lf*cf/iz);
      Gr0=-m*iz*v*v/(cf*cr*l*l-m*v*v*c1)*(-cf*cr*l/m/iz/v);
      Ad={{-1/t_b, 0},
          {0, -1/t_r}};
      Ed={{k_b*Gb0/t_b},
          {k_r*Gr0/t_r}};
      ...
   end SingleTrackModel;
```

参考までに、標準のMSLでの状態空間モデルの定義は、以下のようになっています。

```
   block StateSpace "Linear state space system"
```

```
  ...
    parameter Real A[:, size(A, 1)]=[1, 0; 0, 1];
    parameter Real B[size(A, 1), :]=[1; 1];
    parameter Real C[:, size(A, 1)]=[1, 1];
    parameter Real D[size(C, 1), size(B, 2)]=zeros(size(C, 1), size(B, 2)
);
  ...
  equation
    der(x) = A*x + B*u;
    y = C*x + D*u;
    ...
  end StateSpace;
```

同様の方法で、例えば（7-47）式のような時変形のゲインブロックの定義もできます。

図7-23は、車両の二輪モデルと目標運動モデルを含んだモデルマッチング制御器のModelicaモデルを示します。図7-24は、二輪モデルによるシミュレーション検討のために設定された、車速と操舵入力の時間波形を示しています。車両は、時刻1秒から10秒までの間に、10km/hから100km/hまで加速します。操舵入力としては、1Hzの正弦波波形で与えられました。

比較のため、ヨーレイトと車体スリップ角のPIフィードバック制御も考えます。

目標ヨーレイトPIフィードバック制御：

$$N = K_{P\gamma}(\gamma_{ref} - \gamma) + K_{I\gamma} \int (\gamma_{ref} - \gamma) dt \tag{7-50}$$

目標車体スリップ角PIフィードバック制御：

$$N = K_{P\beta}(\beta_{ref} - \beta) + K_{I\beta} \int (\beta_{ref} - \beta) dt \tag{7-51}$$

目標動特性のパラメータとしては、k_β = 0.3, k_γ = 1.0. としました。τ_β と τ_γ としては、1.3Hzのカットオフ周波数に対応する時定数が設定されました。

図7-25は、各制御の、二輪モデルによるシミュレーション結果を示します。モデルマッチング制御は、単純なPI制御より、目標追従性能が高いことが分かります。一方、モデルマッチング制御の方が、特に低車速域で制御入力Nが大きくなることも分かります。当然の話ですが、二つの状態変数に対して一つの制御入力しかないため、両方の状態変数を独立に制御することはできません。

モデルマッチング制御（MMC）のロバスト性も確認されました。図7-26は、MMCに対して、車両重量Mと、タイヤコーナリングパワーCPのパラメータを変動させたときの結果を示します。比較のため、単純な目標ヨーレイトPI制御の結果も載せています。パラメータ変更に対して、MMCのロバスト性が確認されました。

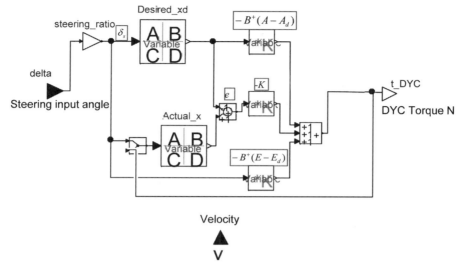

図 7-23　車両運動の二輪モデルとコントローラの Modelic モデル

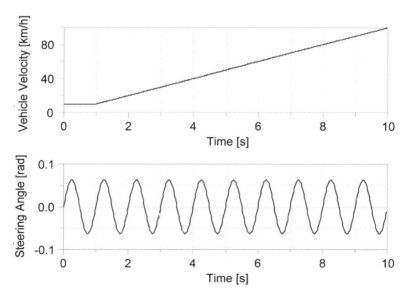

図 7-24　シミュレーション検討のための車速と操舵入力の時間波形

7.2　トルクベクタリングディファレンシャルのモデルマッチング制御

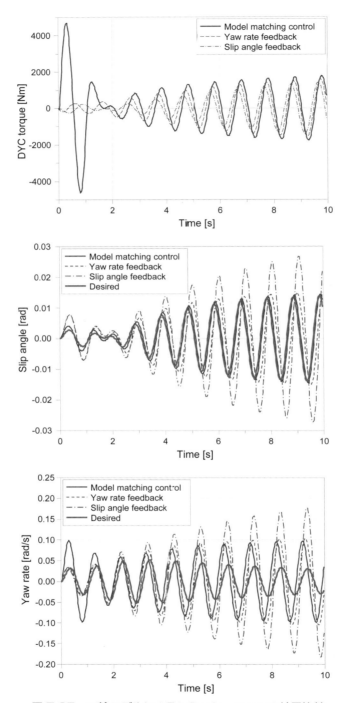

図 7-25 二輪モデルによるシミュレーションの結果比較

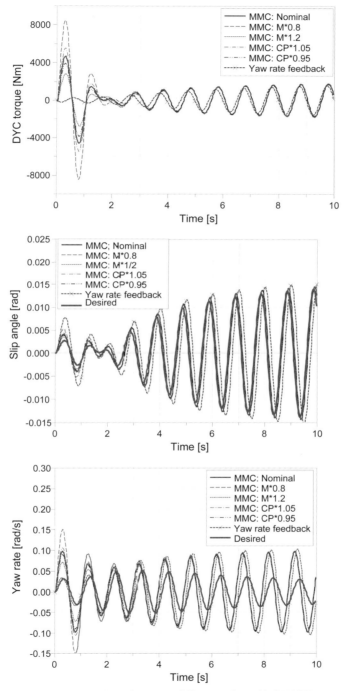

図 7-26 二輪モデルによる制御のロバスト性確認結果

7.2 トルクベクタリングディファレンシャルのモデルマッチング制御

■ 7.2.8. 車両統合モデルによるシミュレーション結果

7.1 節で述べた車両統合モデルと同様に、モデルマッチング制御則を組み込んだ車両統合モデルを作成し、シミュレーションで検討を実施しました。図 7-27 に、作成した車両統合モデルの全体像を示します。制御器込みの駆動系モデルは、TVD のギヤ機構モデルとモデルマッチング制御器のモデルから成っています。

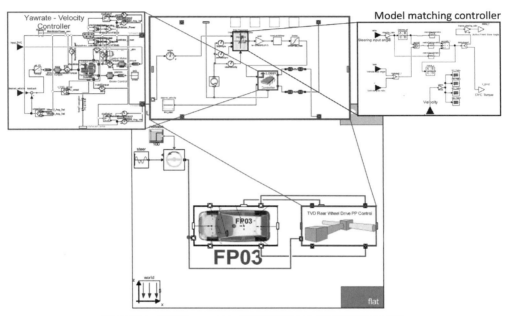

図 7-27　モデルマッチング制御器を含んだ車両統合モデル

■ 7.2.9. 車両統合モデルによるモデルマッチング制御のシミュレーション結果

図 7-28 は、車両統合モデルによるダブルレーンチェンジ試験のシミュレーション結果を示します。車速 100[km/h] で走行中に、サイン波形の操舵入力が与えられました。目標ヨーレイト PI フィードバック制御との比較も示します。モデルマッチング制御の方が、目標車体スリップ角への追従性能は良いものの、目標ヨーレイト PI フィードバック制御の方が、目標ヨーレイトへの追従性能が高いことが示されました。一方、モデルマッチング制御の方が、車両の動きはよりスムーズになることも示されました。この理由としては、モデルマッチング制御に含まれるフィードフォワード項が、即応性に効果があったためと考えられます。

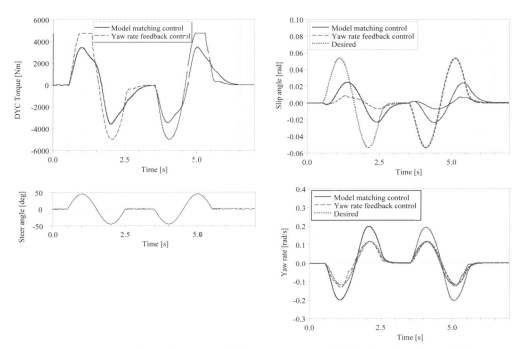

図 7-28　車両統合モデルによるダブルレーンチェンジ試験シミュレーション結果

　図 7-29 は、横風試験のシミュレーション結果を示します。ここでは、120[km/h] で走行中の車両に対して、2[s] から 3.5[s] の期間、20[m/s] の横風が与えられました。ここでも、ダブルレーンチェンジ試験と同じ傾向がみられました。すなわち、モデルマッチング制御の方が車体スリップ角追従性能は良く、目標ヨーレイト PI フィードバックの方がヨーレイト追従性能は高くなりました。ただ、いずれの制御も、制御なしの状態に比べれば、非常に大きな外乱安定性を示しています。一方、横風を受けた後の定常状態では、定常偏差が残っており、何らかのサーボ特性を制御に加える必要があることも示されました。この改良は将来の課題です。

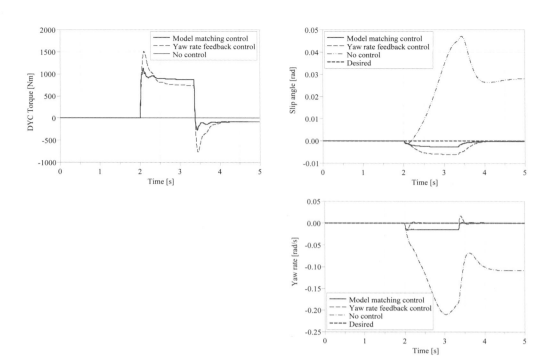

図 7-29　車両統合モデルによる横風試験シミュレーション結果

8. モデルベース開発手法の今後の発展の方向性について

8.1　1D-CAE と 3D-CAE の連携

　前章までは、集中定数系の微分方程式を使って対象のモデルを記述するいわゆる 1D-CAE の手法によるモデルベース開発について、解説してきました。Modelica も、基本的には 1D-CAE のモデリングツールです。しかし、現実には、1D-CAE のモデルだけでは、実際の挙動を十分再現できない場合もあります。これは、モデル化の時に無視した非線形性や動特性の影響が出るためです。シミュレーション検討の目的に応じて、適切な詳細度のモデルを使えば良いのですが、場合によっては、1D-CAE モデルだけでは、十分な計算精度が得られないことになります。そのような場合は、より精度のある FEM（有限要素法）や CFD（流体解析）などの、対象の 3 次元形状に基づく有限要素解析による、いわゆる 3D-CAE のモデリングと併用する必要があります。

　3D-CAE の結果を 1D-CAE と結合するやり方としては、計算結果をマップ化して、テーブルデータとして取り込む、機械振動系の場合は、固有値解析による振動モードデータに変換して取り込む、などの方法があります。（いくつかの Modelica ツールは、振動モード解析結果の標準ファイルをそのまま読み込める機能を持っています。）

　今後は、連成シミュレーションなど、より高度な連携が進んでいくものと期待されます。

8.2　最適化手法による設計効率化

　シミュレーション計算により、設計パラメータのパラメータスタディを行うことは可能ですが、やみくもにトライアンドエラーをやっていては、効率的な開発はできません。検討したい設計パラメータとその範囲を選定し、複数のパラメータに対してはその組合わせについて、実験計画法などで検討すべきパラメータの組を絞り込み、それらのシミュレーション結果に対して、パラメータに対する評価指標の感度関数（応答曲面）を求めるなどして、設計の「勘所」の絞り込みを行います。そして、絞り込んだ設計パラメータ範囲に対して、更に詳細な最適化手法を適用した最適解探索を行うのが効率的かと思います。実験計画法や応答曲面法、最適化手法の詳細については、本書では割愛します。

　ただ、以上のシミュレーションによる設計最適化を有効にすすめるには、モデルがある程度実現象を忠実に再現できる必要があります。モデルの検証の観点としては、以下の二つがあります。

【モデルの妥当性検討（Validation）】
- 考慮すべき物理特性は何か（見落としている物理特性はないか）。
- 現象の簡略化のレベルは妥当か。

【モデルの精度検証（Verification）】
- パラメータの合せ込み、感度解析。
- 非線形性、確率的挙動などの考慮の必要性検討。

　そもそも、モデルは物理現象の近似であり、モデルによるシミュレーションは、検討したい事象の仮想実験であると言えます。検討したい項目・課題に対して十分な妥当性・精度を持ったモデルをうまく作成できるかが、モデルベース開発が成功するかどうかを決める大きな要因になります。モデル作成においては、すべてを物理方程式で作るのではなく、非線形性や動特性を簡単なテーブル（マップ）や簡略化した伝達関数などで適切に近似することも有効であると思われます。どこまで近似・簡略化したモデルで所望の検討ができるかを見極める力が、モデル作成者や実現象を測定・解析する実験担当者にとって重要になってきます。ただ、一旦それらの現象解明と定式化ができれば、部品モデルの作成や、それらを組合わせたシステムモデルの作成において、Modelicaは、非常に有効です。

8.3　フェイル時のシステム挙動分析による信頼性設計への応用

　モデルベース開発の更なる応用例として、システムがフェイルした時の挙動をシミュレーションし、FMEA（Fealure Mode Effects Analysis）に活用することが考えられます。センサやアクチュエータのフェイル時の挙動（出力がゼロになる、など）をモデルに組み込んでおき、フェイルフラグに応じてフェイル挙動を示すようにモデリングしておくことで、フェイル時のシステム全体の挙動分析が可能となります。

　近年、システムはますます巨大化、複雑化しており、一部の失陥がシステムにどのような影響を与えるかを事前に見積もっておくことは、システム全体の信頼性の確保や、設計の最適化にも重要になってくると考えられます。また、パラメータのばらつきによるシステム性能への影響も、同様に検討することが可能です。今後は、性能の最大化や設計の最適化のみならず、システムの信頼性検討にもModelicaのような1D-CAEによる検討が活用されていくことが、期待されます。

9. あとがき

　Modelica によるモデルベース開発の本を書こうと思ってから、既に二年以上が経過しました。Modelica 言語の解説のみならず、実際のモデルベース開発に役に立つことを考えていくと、書かなければいけないと思われることがどんどん増えていき、筆者の生来の筆不精も加わって、予想をはるかに超える執筆期間となってしまいました。まだまだ不十分な所もありますが、とにかく、早く世に出して、皆様のお役に立てなければ、という思いで、今回、このような形で出版させて頂くことになりました。この間、辛抱強く待っていただいた TechShare 社には、心から感謝致します。また、実際にモデルを動かし検証するためにツールをお貸しいただいたダッソー・システムズ社にも、心より感謝致します。更に、Modelica 普及のため、フリーのツールである OpenModelica を開発し、数々の書籍を出版しておられる Linköping 大学の Peter Fritzson 教授に、深く感謝致します。本書も、Fritzson 教授の Modelica の使い方の解説から、多くの題材を、快諾を頂いてお借りしております。

　最後に、このように素晴らしいモデリング言語を生み出し、1D-CAE によるモデルベース開発を可能としてくれた、Modelica の生みの親である Dr. Hilding Elmqvist と、その強力な協力者である Prof. Martin Otter、Modelica の黎明期にその普及に尽力頂いた Dr. Michael Tiller、そして、Prof. Peter Fritzson に、心からの感謝と尊敬の念を表します。筆者も、Modelica の黎明期から関わりを持て、微力ながらその発展に尽力できたことの僥倖に、誇りと感謝の気持ちを強く持っております。最後に、今日まで、Modelica の発展に大きな寄与してこられました Modelica Assocation やツールベンダ、関係するすべての方々に、心からの感謝の意を表します。

引用文献

1. CellierFrançois. Lecture note of 'Mathematical Modeling of Physical Systems', Department of Computer Science, Swiss Federal Institute of Technology (ETH) Zurich. (オンライン) 2012 年. http://www.inf.ethz.ch/personal/fcellier/Lect/MMPS/Ppt/mmps_ppt_engl.html.
2. TillerMichael. Introduction to Physical Modeling with Modelica. The Springer International Series in Engineering and Computer Science (Book 615): Springer, 2001.
3. FritzsonPeter. Introduction to Modeling and Simulation of Technical and Physical Systems with Modelica. 出版地不明 : Wiley-IEEE Press, 2011.
4. —. Principles of Object-Oriented Modeling and Simulation with Modelica 3.3: A Cyber-Physical Approach. 出版地不明 : Wiley-IEEE Press, 2014.
5. Modelica Assocation. The Modelica Tutorial, version 1.4. (オンライン) 2000 年. https://www.modelica.org/documents/ModelicaTutorial14.pdf.
6. —. Modelica Language Specification Version 3.3 Revision 1. (オンライン) 2014 年. https://www.modelica.org/documents/ModelicaSpec33Revision1.pdf.
7. Dymola Users Manual Volume1.
8. MathWorks. (オンライン) http://www.mathworks.co.jp/support/solutions/ja/data/1-9J89SL/index.html?solution=1-9J89SL.
9. —. (オンライン) http://www.mathworks.co.jp/jp/help/simulink/ug/simulating-dynamic-systems_ja_JP.html.
10. ElmqvistHilding, OtterMartin. Methods for tearing systems of equations in object-oriented modeling. 出版地不明 : Proc. European Simulation Multi-conference, Barcelona, Spain, 326/332, 1994.
11. TarjanE.R. Depth first search and linear graph algorithms. 出版地不明 : SIAM J. Comp., 1, 146/160, 1972.
12. Torsten BlochcwitzOtter, et al.Martin. The Functional Mockup Interface for Tool independent Exchange of Simulation Models. 出版地不明 : Proceedings of the 8th International Modelica Conference, 2011. ページ : 105-114.
13. https://www.fmi-standard.org/tools. FMI [Tools]. (オンライン)
14. AssociationiViPProSTEP. Recommendation for Smart Systems Engineering 1.0. 出版地不明 : ProS-

TEP iViP Association, 2014.

15. The Functional Mockup Interface for Tool independent Exchange of Simulation Models, Presentation slides. https://trac.fmi-standard.org/export/700/branches/public/docs/Modelica2011/The_Functional_Mockup_Interface.pdf. (オンライン) 2011 年.

16. Torsten Blochwitz ほか. The Functional Mockup Interface for Tool independent Exchange of Simulation Models. (オンライン) 2011 年. https://trac.fmi-standard.org/export/700/branches/public/docs/Modelica2011/The_Functional_Mockup_Interface.pdf.

17. Modelica Association. Functional Mock-up Interface for Model Exchange and Co-Simulation Document version: 2.0. (オンライン) 2014 年. https://svn.modelica.org/fmi/branches/public/specifications/v2.0/FMI_for_ModelExchange_and_CoSimulation_v2.0.pdf.

18. 自動車技術会　国際標準記述によるモデル開発・流通検討委員会　モデル接続技術検討 WG. 非因果モデリングツールを用いた FMI モデル接続ガイドライン Ver.1.0.（オンライン）2015 年. http://www.jsae.or.jp/tops/topic.php?code=1241.

19. 豊, 他敏, 平野嶋田. FMI での非因果的モデル接続の取り組み. 出版地不明：自動車技術会, 2015. 2015 年春季大会 学術講演会 講演予稿集　No.21-15S. 20155098.

20. Y. HiranoInoue and J. OtaS. Model Based Performance Development of a Future Small Electric Vehicle using Modelica. 出版地不明 : Proceedings of SICE2015, 2015.

21. 井上慎太郎, 太田順也, 平野豊, 小林孝雄, 河口篤志, 杉浦豪軌(5). Modelica 言語フルビークルモデルを用いた軽量電気自動車の車両運動とエネルギー消費に関する研究. 出版地不明：自動車技術論文集 45(6), 2014. ページ：1061-1066.

22. Hoehnet al.B. Torque Vectoring Driveline for Electric Vehicle. 出版地不明 : Proceedings of the FISITA 2012 World Automotive Congress, Vol. 191, 2012. ページ：585-593.

23. 小林孝雄, 勝山悦生, 杉浦豪軌, 小野英一, 山本真規(6). 旋回時の駆動力配分制御と消費エネルギーに関する研究―定常円旋回における定式化と EV による検証―. 出版地不明：自動車技術会, 2013. ページ：1-6, 自動車技術会学術講演会前刷集　No.70-13.

24. HildingElmqvist. Modelica Evolution – From My Perspective. Lund, Sweden : Proceedings of the 10th International ModelicaConference, 2014.

25. Tiller M.Michael, 古田勝久（監訳）, 杉木明彦・トヨタテクノサービス（訳）. Modelica による物理モデリング入門. 出版地不明：オーム社, 2003.

26. FritzsonPeter, 大畠明（監訳）, 広野友英（訳）. Modelica によるシステムシミュレーション入門. 出版地不明：TechShare, 2015.

27. 辻公壽ほか. 自動車システム開発のためのモデルの要件と適用, Vol. 4, 4-S13, p.15-18. 24 年電気学会全国大会シンポジューム講演 4-S13-5.

28. FAT-AK30 (Working Group: Simulation of Mixed Systems with VHDL-AMS). (オンライン) http://fat-ak30.eas.iis.fraunhofer.de/.

29. Ulrich Heinke l ほか. The VHDL Reference: A Practical guide to Computer-Aided Integrated Circuit Design including VHDL-AMS. 出版地不明：Wiley, 2000.
30. Peter J. Ashenden ほか. The System Designer's Guide to VHDL-AMS: Analog, Mixed-Signal, and Mixed-Technology Modeling. 出版地不明：Morgan Kaufmann, 2002.
31. Synopsys. HSPICE® Simulation and Analysis ユーザガイド　Ver2004/0. 2004.
32. パワーエレクトロニクスシステムにおけるモデリングとシミュレーション技術共同研究委員会編. パワーエレクトロニクスシステムにおけるモデリングとシミュレーション技術, 電気学会技術報告 第1114号. 出版地不明：電気学会, 2008年.
33. Elmqvist H. ほか. Fundamentals of Synchronous Control in Modelica. Munich, Germany: Proceedings of 9th International Modelica Conference, 2012-9.
34. 嶋田敏ほか. シミュレーションモデル接続技術の現状と課題　文献番号：20135494. 出版地不明：JSAE, 2013年5月.

索 引

■数字■

1D-CAE ··· iv, 1
3D-CAE ·· vii

■A■

`algorithm` ··· 43
`annotation` ·· 67
Annotation ·· 15

■B■

`block` ·· 40
`Boolean` ·· 17
`builtin` ·· 45

■C■

`class` ·· 25
`clock` ·· 57
`connect` ·· 16
`connection` ··· 29
`connector` ·· 16, 29
`constant` ··· 21
Co-Simulation ·· 135

■D■

`discrete` ··· 50
dot notation ·· 27

■E■

`edge` ··· 51
`enable` ··· 48
`encapsulated` ··· 63
`enumeration` ·· 17
`equation` ··· 26
`external` ··· 45

■F■

`final` ·· 34
`flow` ··· 18
FMI ·· 135
Functional Mockup Interface ·························· →
FMI for Co-Simulation ································· 135
FMI for Model Exchange ································ 135
`for文` ·· 42
`function` ··· 44

H

`hold` ··· 57

■I■

`if-then-else構文` ······································· 47
`if-then-else文` ··· 43
`import` ··· 18, 63
`inheritance` ·· 19, 32
`initial` ·· 50
`inner` ·· 58
`input` ·· 40
`Integer` ·· 17

■M■

Model Exchange ·· 135
Modelica ·· 5
Modelica Association ····································· 5
Modelica 標準ライブラリ ································ 15
MODELISAR ··· 135
modification ·· 27
MSL
　　Modelica 標準ライブラリ ··························· →

■N■

noEvent ··· 53

■O■

outer ·· 58
output ··· 40

■P■

package ··· 17, 27, 61
package.mo ··· 65
parametrization ··· 33
partial ·· 19
partial model ··· 32
pre ·· 50
previous ·· 58
protected ··· 28
public 属性 ·· 28

■R■

Real ·· 17
record ·· 17
redeclare ·· 34
reinit ··· 50
replaceable ··· 33
reset ··· 48

■S■

sample ··· 50, 57
SIUnits ··· 17
SI 単位系 ·· 17
specialized classes ·· 25
String ·· 17
subtype ··· 33
synchronous model ··· 57

■T■

terminal ·· 50
time ·· 27
type ·· 17

■V■

VHDL-AMS ·· 5
V プロセス ··· 1

■W■

when 構文 ·· 49
while 文 ·· 43

■あ■

アクロス変数 ·· 10, 18
アルゴリズムセクション ·· 43

■い■

イベント ··· 47, 49
因果的モデリング ·· 6
インスタンス ··· 16
インポート ··· 18

■か■

外部関数 ·· 45
関数 ·· 44

■き■

逆モデル ·· 68
行列 ·· 38

■く■

組込関数 ·· 45
クラス ·· 16, 25
クラスのパラメトリゼーション ·· 33
クロック ·· 57

■け■

継承 ·· 19, 32

■こ■

構造体 ·· 17
コネクション ··· 29
コネクタ ·· 16, 18, 29

■さ■
サブタイプ ……………………………………… 33

■し■
時間同期型離散モデル ………………………… 57
実数型 …………………………………………… 17
修飾 ……………………………………………… 27
常微分方程式 ……………………………………… 7

■す■
スルー変数 ………………………………… 10, 18

■せ■
整数型 …………………………………………… 17
接点方程式 ………………………………… 10, 29

■て■
データ型 ………………………………………… 17

■と■
動的なモデル交換 …………………………… 135
特別クラス ……………………………………… 25
ドット表現 ……………………………………… 27

■は■
配列 ……………………………………………… 38
派生型 …………………………………………… 17
パッケージ ……………………………………… 17

■ひ■
非因果的モデリング ……………………………… 6
微分代数方程式 …………………………………… 7

■ふ■
複素数型 ………………………………………… 17
部分モデル ………………………………… 18, 32
フロー変数 ……………………………………… 10
ブロック ………………………………………… 40

■へ■
閉路方程式 ………………………………… 10, 29

■ほ■
方程式部 ………………………………………… 26

■も■
文字列型 ………………………………………… 17
モデルベースシステム開発 ……………………… 1

■り■
離散系状態変数 ………………………………… 50

■れ■
列挙型 …………………………………………… 17
連成シミュレーション ……………………… 135

■ろ■
論理型 …………………………………………… 17
環境変数 MODELICAPATH …………………… 66

■ 著 者 略 歴 ■

平野　豊（ひらの　ゆたか）

1984 年　京都大学大学院工学研究科修了、トヨタ自動車株式会社入社。
シャシ設計、車両運動制御開発、モデルベース開発、人工知能、ロボット、人間特性の研究などに従事。
自動車技術会、日本機械学会、計測自動制御学会、IEEE の会員。
1997 年　東京農工大学大学院機械工学研究科博士後期課程修了（工学博士）。
2014 年　自動車技術会より浅原賞技術功労賞を受賞。

●本書掲載の社名及び製品名について、
本書に記載されている社名及び製品名は、一般に開発メーカーの登録商標です。尚、本文中では、™、®、©の各表示を明記していません。
●本書掲載内容の利用についてのご注意
本書で掲載されている内容は著作権法により保護され、また工業所有権が確立されている場合があります。本書に掲載された技術情報をもとに製品化をする場合には、著作権者の許可が必要です。また、掲載された技術情報を利用することにより発生した損害は、TechShare及び著作権者並びに工業所有権者は、責任を負いかねますのでご了承ください。
●本書掲載のモデルダウンロードの注意点
本書掲載のプログラム、モデル及びデータの全部または一部が TechShare の Web サイトからダウンロードできる場合、ダウンロード内容は、本書の付属物として、著作権法により保護されています。したがって、特別な許可がない限り、ダウンロード内容の配布、貸与または改変、複写及び複製（コピー）はできません。
●本書のサポートサイト
本書に関連するダウンロード及び関連情報は、http://books.techshare.co.jp/ に掲載されています。

Modelica によるモデルベースシステム開発入門

2017 年 11 月 5 日　初版第 1 刷発行

著　者　　平 野　　豊
発行人　　重 光 貴 明
発行所　　TechShare 株式会社
　　　　　〒135-0016 東京都江東区東陽 5-28-6 TS ビル
　　　　　　　TEL 03-5683-7299（編集）
　　　　　　　TEL 03-5683-7293（販売）
　　　　　　　URL　http://techshare.co.jp/publishing
　　　　　　　Email　info@techshare.co.jp
印刷及び DTP　　三美印刷株式会社

©2017 YUTAKA HIRANO
ISBN 978-4-906864-10-2　　Printed in Japan

・JCOPY ＜（社）出版者著作権管理機構 委託出版物＞
本誌の無断複写は著作権法上での例外を除き禁じられています。複写される場合は、そのつど事前に、（社）出版者著作権管理機構（電話 03-3513-6969、FAX 03-3513-6979、e-mail: info@jcopy.or.jp）の許諾を得てください。

落丁・乱丁本はお取替えいたします。